国家中等职业教育改革发展
示范校核心课程系列教材

北方养牛生产技术操作流程

Beifang Yangniu Shengchan Jishu Caozuo Liucheng

严文岱 主编

中国农业大学出版社
CHINA AGRICULTURAL UNIVERSITY PRESS

内容简介

本教材是项目任务式教学教材。主要包括5个项目18个任务。教材设计从生产实际出发按养牛的实际生产流程组织内容，具有较强的实用性，有利于通过生产流程培养学生岗位实际操作能力，具有鲜明的职业教育特色。为满足养牛生产一线对复合型人才的需求，教材增加了疾病防治等方面的相关知识。

本教材以任务为基本单位，每个任务后另附有学生工作页，学生工作页有任务说明、任务实施、教师考核等。以任务为导向，以完成一个完整的工作任务为单元有助于学生更准确地把握各任务完成的关键步骤，提高独立的生产能力。充分体现中等职业教育的特点和以学生为主体的教学理念。

本教材可供中等职业院校畜牧兽医类专业学生使用，也可供养牛生产一线工作者、养牛专业户学习参考。

图书在版编目(CIP)数据

北方养牛生产技术操作流程/严文岱主编. —北京：中国农业大学出版社，2016.1

ISBN 978-7-5655-1495-1

Ⅰ.①北… Ⅱ.①严… Ⅲ.①养牛学 Ⅳ.①S823

中国版本图书馆CIP数据核字(2016)第021659号

书　名　北方养牛生产技术操作流程
作　者　严文岱　主编

策划编辑　赵　中　　**责任编辑**　韩元凤
封面设计　郑　川　　**责任校对**　王晓凤
出版发行　中国农业大学出版社
社　址　北京市海淀区圆明园西路2号　　**邮政编码**　100193
电　话　发行部 010-62818525,8625　　读者服务部 010-62732336
编辑部 010-62732617,2618　　出　版　部 010-62733440
网　址　http://www.cau.edu.cn/caup　　**E-mail** cbsszs@cau.edu.cn
经　销　新华书店
印　刷　北京鑫丰华彩印有限公司
版　次　2016年3月第1版　2016年3月第1次印刷
规　格　787×980　16开本　10.5印张　190千字
定　价　21.00元

图书如有质量问题本社发行部负责调换

国家中等职业教育改革发展示范校核心课程系列教材
建设委员会成员名单

编写人员

主　编　严文岱（抚顺市农业特产学校）

编　者　严文岱（抚顺市农业特产学校）

王晓佳（抚顺市农业特产学校）

金贤子（抚顺市农业特产学校）

李长龙（辽宁辉山乳业集团有限公司）

序言

职业教育是“以服务发展为宗旨，以促进就业为导向”的教育，中等职业学校开设的课程是为课程学习者构建通向就业的桥梁。无论是课程设置、专业教学计划制定、教材选择和开发，还是教学方案的设计，都要围绕课程学习者将来就业所必需的职业能力形成这一核心目标，从宏观到微观逐级强化。教材是教学活动的基础，是知识和技能的有效载体，它决定了中等职业学校的办学目标和课程特点。因此，教材选择和开发关系着中等职业学校的学生知识、技能和综合素质的形成质量，同时对中等职业学校端正办学方向、提高师资水平、确保教学质量也显得尤为重要。

2015 年国务院颁布的《关于加快发展现代职业教育的决定》提出：“建立专业教学标准和职业标准联动开发机制，推进专业设置、专业课程内容与职业标准相衔接，形成对接紧密、特色鲜明、动态调整的职业教育课程体系”等要求。这对于探索职业教育的规律和特点，推进课程改革和教材建设以及提高教育教学质量，具有重要的指导作用和深远的历史意义。

目前，职业教育课程改革和教材建设从整体上看进展缓慢，特别是在“以促进就业为导向”的办学思想指导下，开发、编写符合学生认知和技能形成规律，体现以应用为主线，符合工作过程系统化逻辑，具有鲜明职教特色的教材等方面还有很大差距。主要是中等职业学校现有部分课程及教材不适应社会对专业技能的需要和学校发展的需求，迫切需要学校自主开发适合学校特点的校本课程，编写具有实用价值的校本教材。

校本教材是学校实施教学改革对教学内容进行研究后开发的教与学的素材，是为了弥补国家规划教材满足不了教学的实际需要而补充的教材。抚顺市农业特产学校经过十多年的改革探索和两年的示范校建设，在课程改革和教材建设上取得了一些成就，特别是示范校建设中的 18 本校本教材现均已结稿付梓，即将与同行和同学们见面交流。

本系列教材力求以职业能力培养为主线，以工作过程为导向、以典型工作任务和生产项目为载体，对接行业企业一线的岗位要求与职业标准，用新知识、新技术、新工艺、新方法，来增强教材的实效性。同时还考虑到学生的起点水平，从学生就业够用、创业适用的角度，使知识点及其难度既与学生当前的文化基础相适应，也更利于学生的能力培养、职业素养形成和职业生涯发展。

本套校本教材的正式出版，是学校不断深化人才培养模式和课程体系改革的结果，更是国家示范校建设的一项重要成果。本套校本教材是我们多年来按农时季节、工作程流、工作程序开展教学活动的一次理性升华，也是借鉴国内外职教经验的一次探索，这里面凝聚了各位编审人员的大量心血与智慧。希望该系列校本教材的出版能够补充国家规划教材，有利于学校课程体系建设和提高教学质量，能为全国农业中职学校的教材建设起到积极的引领和示范作用。当然，本系列校本教材涉及的专业较多，编者对现代职教理念的理解不一，难免存在各种各样的问题，希望得到专家的斧正和同行的指点，以便我们改进。

该系列校本教材的正式出版得到了蒋锦标、刘瑞军、苏允平等职教专家的悉心指导，同时，也得到了中国农业大学出版社以及相关行业企业专家和有关兄弟院校的大力支持，在此一并表示感谢！

教材编写委员会

2015 年 8 月

前言

养牛生产是畜牧兽医专业的主要专业课之一。教材依据中等职业教育畜牧兽医专业的人才培养目标和人才培养模式的要求，围绕养牛生产岗位群的需要，以“应用”和“能力培养”为主线，兼顾学生后续发展，按生产流程构建教材内容体系，突出其应用性和能力培养，并注重生产与管理内容有机结合，充分体现了中等职业教育特色。

在教材内容安排上，以养牛的实际生产流程设计任务内容，贴近于养牛生产实际。给学习者一个完成养牛岗位任务的整体操作体系，注重实际操作技能和职业岗位能力的培养，使学生有效掌握养牛生产的具体操作技能和整体驾驭专业知识的能力。在任务选取上，体现了实用性、针对性、先进性和科学性的原则，加大了实践教学的内容，特别是增加了“疾病防治”方面的相关内容，以满足养牛生产一线对复合型人才的需求。

在相关任务内容选取上，充分考虑了现有的国家职业资格证书制度，将国家职业资格鉴定的相关内容引入教材中来。在教材编写过程中，也充分考虑了我国北方地区的特点，但一些内容也适合我国其他地区养牛生产的参考。

本教材由严文岱主编，项目一中任务一、项目二、项目三、项目四、项目五由严文岱编写。王晓佳、金贤子在编写过程中提出了很好的编写思路。项目一中任务三（牛的饲养标准和日粮配合）由王晓佳编写，项目一中任务二（牛的生物学特性利用）由金贤子编写。李长龙提供了奶牛饲养管理的一些数据。在编写本教材时，参阅了大量相关教材、杂志、研究专著，在此向有关作者表示诚挚的谢意。

由于编者水平有限，教材中难免有缺点和错误，诚恳希望广大师生批评指正。

编　者

2015 年 9 月

目录

项目一　牛的品种识别及营养、饲料利用

【能力目标】

能准确识别牛的品种。能对牛常用饲料进行合理的加工调制。熟悉牛的饲养标准,能熟练进行牛的日粮配合。

【知识目标】

知道主要牛品种的经济类型、产地及生产性能。了解牛常用饲料的种类及特点。熟悉牛的消化器官及其功能。掌握牛的日粮配制方法。

【重点和难点】

重点:合理利用引进牛品种。

难点:品种的识别、牛的日粮配制。

【项目说明】

项目概述:养牛生产,品种是基础,品种好坏直接关系到牛的生长快慢、产奶多少、饲料报酬高低、生产成本多少,而且关系到肉、奶的品质与市场竞争力,更是保证牛群有较高生产水平的不可忽视的环节。不同的品种或不同的类型牛,既有种属的共性,又有各自的特性。在养牛生产中,要不断地认识和掌握牛的生物学、行为学特性,合理组织生产,并按适当的条件加以利用和改正,以便获得较好的饲养和繁育效果,获取最大的经济效益。

饲料是发展养牛业的物质基础,只有熟悉牛的生物学特性,并根据牛的营养需要加工调制好牛的饲料,才能充分发挥其生产性能,实现高效生产。

项目载体:养牛场现有牛品种、图片、PPT、实验室、饲料样本。

技术流程:

品种识别→生物学特性利用→饲养标准→ 饲料加工调制

项目开展的依据：

任务	工作依据及资讯	工作页
1-1　牛的品种识别	我国饲养的各类牛品种的特征及其利用	1-1
1-2　牛的生物学特性利用	牛生物学特性在生产中的利用	1-2
1-3　牛的饲养标准与日粮配合	牛的饲养标准	1-3
1-4　牛的常用饲料及其加工调制	饲料及其加工调制方法	1-4

任务一　牛的品种识别

“养殖品种的好坏居各项技术之首位”这是1996年美国农业部对美国50年来畜牧生产中所起作用各种科学技术进行了总结之后得出的结果。因此，实现养牛生产良好经济效益的前提条件是品种选择正确与否。根据经济用途的不同，可把牛品种分为三类，即乳用型牛、肉用型牛和乳肉兼用型牛。

一、乳用牛品种

专门化乳用牛品种世界上并不多。目前世界上产奶量最好的奶牛品种是荷斯坦牛，荷斯坦牛在世界上分布最广、数量最多。而世界上乳脂率高著称的是娟姗牛。

(一)荷斯坦牛

图 1-1　荷斯坦牛

荷斯坦牛(图1-1)以往统称为黑白花牛，因其毛色呈黑白相间的花片而得名。原产于荷兰北部的北荷兰省和西弗里生省。经过长期的系统选育和风土驯化及与当地牛杂交等，在各国培育成荷斯坦牛具有各自特征的，并以该国的名称冠名，如中国荷斯坦牛、加拿大荷斯坦牛、新西兰荷斯坦牛等。100多年以来，由于对荷斯坦牛的选育方向各国有所侧重，因此牛群状况也有了各自不同的特点，形成了两大类型即乳用和乳肉兼用。目前荷斯坦牛是世界第一大品种牛。

1.乳用型荷斯坦牛

(1)外貌特征　乳用型荷斯坦牛体表是黑白斑块的短细毛，黑斑和白斑有明显的界线、额面部常常有白色的星形(三角星或广流星)，腹部下方、前肢和后肢的下部及尾巴尖端是白颜色的。

乳用型荷斯坦牛身材高大，体型匀称，皮下有很少的脂肪，皮肤薄，骨骼细，乳房静脉多弯曲粗大，乳房很大，外形结构好，后躯发达，从侧面观望体躯呈楔形，具有典型的乳用型外貌。

公牛平均体高 145 cm，体长 190 cm，胸围 226 cm，管围 23 cm；母牛平均体高为 135 cm，体长 170 cm，胸围 195 cm，管围 19 cm。体重：公牛 900～1 200 kg，母牛 650～750 kg，初生犊牛平均重 40～50 kg。

(2)生产性能　在乳牛品种之中乳用型荷斯坦牛产奶量最高。年产奶量一般平均为 6 500～7 500 kg，乳脂率 3.60％～3.80％。

(3)缺点　乳用荷斯坦牛的乳脂率较低，不耐受热，温度高时产奶量下降明显。因此，在夏季，北方地区高温时节要特别注意防暑降温。

2.兼用型荷斯坦牛

(1)外貌特征　肌肉丰满，皮下脂肪多，体格较小，前后肢短而张开，有宽深略呈矩形的体躯，有发育良好方正的尻部；有发育匀称、附着良好的乳房，呈方圆形前伸后展；有大小适中的乳头，发达的乳静脉。兼用型荷斯坦牛毛色与乳用型荷斯坦牛相似。

公牛平均体高 120.40 cm，体长 156.10 cm，胸围 197.10 cm，管围 19.10 cm。公牛平均活重为 900～1 100 kg、母牛 550～700 kg，犊牛初生重平均 35～45 kg。

(2)生产性能　产奶量比乳用型荷斯坦牛产奶量低，兼用型荷斯坦牛平均年产奶量 4 500～6 000 kg，但比乳用型荷斯坦牛乳脂率高。兼用型荷斯坦牛的乳脂率一般为 3.8％～4.0％。兼用型荷斯坦牛的产肉性能较好，屠宰率可达 55％～60％。

(二)中国荷斯坦牛

中国荷斯坦牛(图 1-2)原称中国黑白花牛，是我国分布最广、数量最多、产奶最高的奶牛品种。中国荷斯坦牛是引入国外各类型的荷斯坦公牛与我国各个省、市的本地黄牛杂交种经过长期选育而成的。

1.外貌特征

中国荷斯坦牛的毛色同乳用型荷斯坦牛。北方型荷斯坦牛的体格较大。成年牛体尺、体重见表 1-1。

表 1-1 中国北方荷斯坦牛体重、体尺

地区	性别	体高/cm	体长/cm	胸围/cm	管围/cm	体重/kg
北方	母	135	160	200	19.5	600
	公	155	200	240	24.5	1 100

2.生产性能

(1)泌乳性能 中国荷斯坦牛在东北三省、山西、内蒙古、新疆等大中城市附近及重点育种场，其全群年平均产乳量在 7 000 kg 以上。

(2)产肉性能 经过肥育 24 月龄的中国荷斯坦牛公牛屠宰率为 57%。淘汰的中国荷斯坦母牛没有经过育肥屠宰率为49.5%～63.5%，净肉率为40.3%～44.4%；6、9、12 月龄牛屠宰率分别为44.2%、56.7%、54.3%。

图 1-2 中国荷斯坦牛

(三)娟姗牛

娟姗牛(图 1-3)是小型奶牛品种，是英国的一个古老的奶牛品种。以乳房形状好、乳脂率高、抗病力强、性成熟早、耐热而闻名于世界。因原产于英吉利海峡的娟姗岛而得名，娟姗岛年平均气温 10℃左右，气候温和、多雨，牧草茂盛，奶牛终年以放牧为主。早在 18 世纪已闻名于世，19 世纪被欧美各国引入。我国于 19 世纪中叶引入娟姗牛，由于该品种适应炎热的气候，所以，在我国南方地区可列为今后引种的较佳选择。不适合我国北方养殖，因为北方气温较低，尤其是冬季寒冷，很难达到养殖条件。

1.外貌特征

娟姗牛有细短而有光泽的被毛，以浅褐色为最多，还有灰褐色、深褐色。嘴、眼周围有浅色毛环，鼻镜及舌、尾尖为黑色。

娟姗牛体型呈楔形，轮廓清晰小巧而清秀，头颅小，眼距宽，额部稍凹陷，耳薄大。角琥珀色，中等大小，尖黑，向前弯曲。颈细小，颈垂发达有皱褶。具有狭窄的鬐甲，直立的肩，深宽的胸，平直的背腰，较大的腹围，长、平、宽的尻。发育匀

图 1-3 娟姗牛

称的乳房，形状好，乳静脉粗大而弯曲，乳头略小。后躯较前躯发达。

成年公牛平均活重为650～750 kg，母牛平均活重为340～450 kg。犊牛初生重为23～27 kg；成年母牛平均体高113.5 cm，体长133 cm，胸围154 cm，管围15 cm。

2.生产性能

娟姗牛一般年平均产奶量为3 500～4 000 kg。乳脂率平均为5.5%～6.0%，乳脂肪球大，易于分离，乳汁黄色，风味好，是奶牛中少有的高乳脂率品种。

二、乳肉兼用牛品种

(一)西门塔尔牛

西门塔尔牛(图1-4)为世界著名的大型乳、肉、役兼用品种。是世界第二大品种牛，总头数达4 000万头，其头数仅少于荷斯坦牛。原产于瑞士西部的阿尔卑斯山区，主要产地是西门塔尔平原和萨能平原。加拿大的西门塔尔牛又称加系西门塔尔牛，属于肉乳兼用品种。我国自20世纪初即开始引入西门塔尔牛，目前是改良我国黄牛范围最广、数量最多、杂交效果最成功的牛种。杂交后代无论是体型、产奶量还是产肉量均有显著提高。中国西门塔尔牛于2001年10月通过国家品种审定。在我国北方及长江流域各省设有原种场。

图1-4　西门塔尔牛

1.外貌特征

西门塔尔牛毛色多为黄白花或淡红白花，额与颈上有卷毛。头部、胸部、腹下部、前肢和后肢下部、尾帚多为白色。角向外上方弯曲，较细。

西门塔尔牛体躯呈圆筒状，后躯较前躯发达。有强壮的四肢，发达的大腿肌肉。乳房发育中等。成年公牛活重平均为800～1 200 kg，母牛600～750 kg。犊牛初生重为30～45 kg。

2.生产性能

西门塔尔牛是性能较好的乳用和肉用兼用型牛。在泌乳期产奶量平均在4 000 kg以上，乳脂率一般为4%。24月龄内平均日增重0.8～1.0 kg，公牛经过肥育后屠宰率平均65%左右，肉质佳，脂肪少，瘦肉多。适应性强，耐粗放管理，成年母牛难产率为2.8%。目前我国有西门塔尔牛30 000余头，核心群平均产奶量已突破 4 500 kg。

（二）国外其他乳肉兼用牛品种（表 1-2）

表 1-2 国外其他乳肉兼用牛品种

品种	原产地	外貌特征	生产性能	主要特点与应用
瑞士褐牛	瑞士阿尔卑斯山区	被毛褐色，浅褐、灰褐至深褐色，在鼻镜周围有一浅色或白色带，鼻、舌、角尖、尾帚及蹄黑色。头宽短，额稍凹陷。体格略小于西门塔尔牛。成年公牛体重 1 000 kg，母牛 500～550 kg。初生重 35～38 kg。	年产奶量 5 000～6 000 kg，乳脂率 4.1%～4.2%，18 月龄活重达 485 kg，屠宰率 50%～60%，美国乳用瑞士褐牛 305 d 平均产奶量达 9 521 kg。	成熟较晚，一般 2 岁配种。耐粗饲，适应性强，对"新疆褐牛"育成起到了重要作用。
丹麦红牛（图 1-5）	丹麦	被毛红或深红色，公牛毛色常较深。鼻镜浅灰至深褐色，蹄亮黑色，部分牛只乳房或腹部有白斑毛。乳房大，发育匀称。体格较大，体躯深长。成年公牛体重 1 000～1 300 kg，成年母牛体重 650～750 kg，犊牛初生重 40 kg。	美国 2000 年53 819头母牛的平均产奶量为7 316 kg，乳脂率 4.16%；最高单产 12 669 kg，乳脂率 5%。丹麦红牛也具有良好产肉性能。屠宰率一般为 54%。	以乳脂率、乳蛋白率高而著称，我国 1984 年首次引进丹麦红牛 30 头，用于改良延边牛、秦川牛、复州牛，效果良好。
乳用短脚牛	英国东北部	包括有角和无角两种。角细短，呈蜡黄色，角尖黑。被毛多为红色或酱红色，少数为红白沙毛或白毛，部分个体腹下或乳房部有白斑，鼻镜为肉色，眼圈色淡。成年公牛体重 900～1 200 kg，母牛 600～700 kg，犊牛初生重 32～40 kg。	305 d 产奶量一般 2 800～3 500 kg，乳脂率 3.5%～4.2%。1998 年 1 头乳用短角牛在 365 d 日挤奶 2 次情况下产奶 15 913 kg，乳脂率 2.8%，乳蛋白率 3.4%，创个体单产最高纪录。	我国于 1913 年首次引入，主要用于改良蒙古牛，对"中国草原红牛"的育成起到重要作用。

续表 1-2

品种	原产地	外貌特征	生产性能	主要特点与应用
蒙贝利亚牛	法国东部。法国第二大奶牛品种。	被毛具有明显的“胭脂红色花斑”，有色毛主要分布在颈部、尾根与坐骨端，其余部位多为白色。体型高大，成年公牛体重 900～1 100 kg，成年母牛体重 650～750 kg，后躯发达，乳房发育好。犊牛初生重：公牛 46.0 kg，母牛 42.4 kg。	2001 年，法国 374 869 头蒙贝利亚牛平均产奶量 6 110 kg，乳脂率 3.88%，乳蛋白 3.24%。24 月龄公牛体重 531.1 kg，母牛 416.2 kg。14～15 月龄屠宰，日增重可达 1.20～1.35 kg。	我国 1987 年从法国引进该牛 169 头，分别饲养于吉林、北京、四川、新疆及内蒙古，用于本地黄牛杂交后代。

（三）国内乳肉兼用牛培育品种（表 1-3）

表 1-3　国内乳肉兼用牛培育品种

品种	原产地	外貌特征	生产性能	主要特点与应用
三河牛（图 1-6）	内蒙古呼伦贝尔草原的三河地区。主要分布在呼伦贝尔市及邻近地区的农牧场。	被毛为界限分明的红白花，头白色或有白斑，腹下、尾尖及四周下部为白色。角向上前方弯曲。体格较大，平均活重成年公牛体重 1 050 kg，母牛 547.9 kg。初生重：公牛 38.5 kg，母牛 31.2 kg。	年产奶 2 500 kg 左右，较好饲养条件下可达 400 kg，乳脂率 4.1%～4.47%，产肉性能良好，2～3 岁公牛屠宰率50%～55%。	耐粗饲，耐严寒，抗病力强。生产性能不稳定，后躯发育欠佳。是我国培育的第一个乳肉兼用品种，含西门塔尔牛的血统。1986 年 9 月 3 日通过验收，并由内蒙古区政府批准正式命名“三河牛”。
中国草原红牛（图 1-7）	原产于吉林、辽宁、河北、内蒙古。主要分布吉林白城地区、内蒙古赤峰市、锡林郭勒盟南部和河北张家口地区。	被毛深红色，少数牛只乳房或腹下有白斑，尾帚有白毛。全身肌肉丰满，结构匀称。乳房发育较好。成年公牛体重 825.2 kg，成年母牛体重 482 kg。犊牛初生重：公牛 31.9 kg，母牛 30.2 kg。	泌乳牛 220 d，平均产奶量为 1 662 kg，乳脂率 4.02%；最高单产 4 507 kg。18 月龄的阉牛，经放牧育肥屠宰率为 50.8%。短期催肥后屠宰率为 58.1%。	耐粗饲，适应性强。生产性能不稳定，后躯发育欠佳。1985 年 8 月 20 日，经农牧渔业部授权吉林省畜牧厅，在赤峰市对该品种进行了验收，正式命名“中国草原红牛”。含有乳肉兼用型短角牛血统。

续表 1-3

品种	原产地	外貌特征	生产性能	主要特点与应用
新疆褐牛(图 1-8)	原产于新疆伊犁、塔城等地区。主要分布于全疆南北。	被毛为深浅不一的褐色,额顶、角基、口轮周围及背线为灰白色或黄白色。肌肉丰满。头清秀,嘴宽。角大小中等,向侧前上方弯曲,呈半椭圆形。成年公牛体重 951 kg,母牛 431 kg。	舍饲条件下平均产奶量一般 2 100～3 500 kg,高的可达 5 162 kg,乳脂率 4.03%～4.08%。放牧条件下,2 岁以上牛的屠宰率为 50%以上。	适应性好,耐严寒和酷暑,抗病力强,宜于放牧,体型外貌好,但其生产性能尚不稳定。1983 年经新疆畜牧厅评定验收并命名为"新疆褐牛"。含有瑞士褐牛血统。
科尔沁牛	主要产于内蒙古东部地区的科尔沁草原。	被毛为黄(红)白花。体型粗壮,结构匀称,胸宽深,背腰平直,四肢端正,后腿及乳房发育良好,乳房分布均匀。成年公牛体重 991 kg,成年母牛体重 508 kg。犊牛初生重 38～42 kg。	280 d 产奶量 3 200 kg,乳脂率 4.17%,高产达 4 643 kg。在常年放牧加短期补饲条件下 18 月龄屠宰率为 53.3%,经短期育肥屠宰率可达 61.7%。	适应性强、耐粗抗寒、抗病力强、宜于放牧。于 1990 年通过鉴定,由内蒙古政府正式验收命名为"科尔沁牛"。以西门塔尔牛为父本,蒙古牛、三河牛为母本,采用育成杂交方法培育而成。

图 1-5 丹麦红牛

图 1-6 三河牛

图 1-7 中国草原红牛

图 1-8 新疆褐牛

三、肉用牛品种

全世界有 60 多个专门化肉牛品种，其中英国有 17 个，法、意、美、俄罗斯各有 11 个。这里不含兼用品种和我国黄牛品种。世界上主要的肉牛品种，按体型大小和产肉性能，大致可分为两大类：一是中、小型早熟品种，主要品种有海福特牛、安格斯牛等；二是大型品种，主产于欧洲大陆，代表品种有夏洛来牛、利木赞牛、契安尼娜牛、皮埃蒙特牛等；我国引进的主要肉用牛品种如表 1-4 所示。

表 1-4　我国引进的主要肉用牛品种

品种	原产地	外貌特征	生产性能	杂交改良效果
夏洛来牛（图 1-9）	原产于法国中西部到东南部的夏洛来省和涅夫勒地区。是世界闻名的大型肉用品种牛。	被毛为白色或乳白色，皮肤常带有色斑。全身肌肉特别发达，骨骼结实，四肢强壮。头小而宽，嘴端宽方，角圆而较长，并向前方伸展。颈粗短，胸宽深，肋骨方圆，背宽肉厚，体躯丰满呈圆桶状，后臀肌肉发达，并向后和侧面突出。成年公牛体重 1 100 kg～1 200 kg，母牛 700～800 kg。	最显著的特点是生长速度快，瘦肉率高，耐粗饲。在良好的饲养条件下，6 月龄公犊可达 250 kg，日增重可达 1.4 kg，屠宰率为 69%～70%，胴体瘦肉率为 80%～85%。该牛纯种繁殖时难产率高达 13.7%。夏洛来牛肌肉纤维比较粗糙，肉质嫩度不够好。	我国于 1964 年和 1974 年先后从法国引进该牛，主要分布在东北、西北和南方部分地区，与本地黄牛杂交，后代体格明显加大，增长速度加快，杂种优势明显。
利木赞牛（图 1-10）	原产于法国中部的利木赞高原。数量仅次于夏洛来牛，为法国第二大品种。目前有 54 个国家引入利木赞牛。属于大型肉用牛品种。	被毛为红色或黄色，口、鼻、眼圈周围、四肢内侧及尾帚毛色较浅，角为白色，蹄为红褐色。头较短小，额宽，胸部宽深，体躯较长，后躯肌肉丰满，四肢粗短。成年公牛平均体重 1 100 kg，母牛 600 kg。在法国公牛活重可达 1 200～1 500 kg，母牛达 600～800 kg。	产肉性能高，胴体质量好，眼肌面积大，前、后肢肌肉丰满，出肉率高。10 月龄体重即可达 408 kg，哺乳期平均日增重 0.86～1.0 kg。6 月龄小牛即可具有大理石花纹的肉质。难产率极低，一般只有 0.5%。	我国 1974 年从法国引进。主要分布在黑龙江、辽宁、山东、安徽、陕西、河南、内蒙古等地，与本地黄牛杂交，杂种优势显著。

续表 1-4

品种	原产地	外貌特征	生产性能	杂交改良效果
皮埃蒙特牛(图 1-11)	原产于意大利北部皮尔蒙特地区。属于大型肉用牛品种。是目前国际公认的终端父本。主要分布于我国山东、河南、黑龙江、北京和辽宁省。	被毛灰白色,鼻镜、眼圈、肛门、阴门、耳尖、尾帚等为黑色。犊牛出生时被毛为浅黄色,以后慢慢变为白色。中等体型,皮薄,骨细。全身肌肉丰满,体型很健美。后躯特别发达,双肌性能表现明显。公牛体重不低于 1 000 kg,母牛平均为 500～600 kg。公母牛的体高分别为 150 cm 和 136 cm。	牛生长快,肥育期平均日增重 1.5 kg。生长速度为肉用品种之首。肉质细嫩,瘦肉含量高,屠宰率一般为 65%～70%,胴体瘦肉率达 84.13%。脂肪和胆固醇含量低。	我国 1986 年引进皮尔蒙特牛的冻精和冻胚,现已在全国 12 个省推广应用。杂交效果良好,皮杂后代生长速度达到国内肉牛领先水平。
契安妮娜牛	原产于意大利中西部契安娜山谷。是目前世界上体型最大的肉牛品种,含有瘤牛血统。	被毛白色,尾帚黑色,除腹部外,皮肤均有黑色素。犊牛初生时,被毛为深褐色,在 60 日龄时逐渐变为白色。成年牛体躯长、四肢高、体格大、结构良好,但胸部深度不够。成年公牛体重 1 500 kg,母牛 800～1 000 kg。体高公牛 184 cm,母牛150～170 cm。	契安尼娜牛生长强度大,一般日增重均在 1 kg 以上,2 岁内日增重可达 2.0 kg。产肉多而品质好,大理石纹明显,适应性好,繁殖力强且很少难产。	与南阳黄牛杂交,契南一代日增重在 1.0 kg 以上,屠宰率为 60%,但骨量大,且牛肉嫩度变差。
海福特牛(图 1-12)	原产于英格兰西部的海福特郡。世界上最古老的中小型早熟肉牛品种。	体躯毛色为橙黄色或黄红色,具有“六白”特征,即头、颈垂、鬐甲、腹下、四肢下部及尾尖为白色。分为有角和无角两种。公牛角向两侧伸展,向下方弯曲,母牛角向上挑起。颈粗短,体躯肌肉丰满,呈圆筒状,背腰宽平,臀部宽厚。肌肉发达,四肢短粗。	在良好条件下,7～12 月龄日增重可达 1.4 kg 以上。一般屠宰率为 60%～65%。18 月龄公牛活重可达 500 kg 以上。	我国于 1974 年首批从英国引入海福特。海杂后代生长快,抗病耐寒,适应性好。

续表 1-4

品种	原产地	外貌特征	生产性能	杂交改良效果
安格斯牛（图 1-13）	原产于英国的阿伯丁、安格斯和金卡丁等郡。是英国最古老的小型肉用牛品种之一。占美国肉牛总数的 1/3。	无角、头小额宽，体躯宽深，呈圆桶状，背腰宽平，四肢短，后躯发达，肌肉丰满。被毛为黑色，光泽性好。公牛体重 700～900 kg，母牛体重 500～600 kg。	增重性能良好，平均日增重约为 1.0 kg。肉牛中胴体品质最好，屠宰率 60%～70%。难产率低。	早熟，耐粗饲，放牧性能好，性情温顺，耐寒，适应性强。是国际肉牛杂交体系中最好的母系。
比利时蓝白花牛	分布在比利时中北部。是荷斯坦牛血统中唯一被育成纯肉用的专门品种。	毛色为白身躯中有蓝色或黑色斑点，色斑大小变化较大。鼻镜、耳缘、尾巴多黑色。个体高大，体躯呈长筒状，体表肌肉醒目，肌束发达，“双肌”特征明显，头部轻，尻微斜。公牛体重 1 200 kg，母牛 799 kg。	犊牛早期生长速度快，最高日增重可达 1.4 kg。屠宰率 65%。	我国于 1996 年引入比利时蓝白花牛，用于肉牛配套系的父系。
德国黄牛	原产于德国和奥地利。其中德国数量最多，系瑞士褐牛与当地黄牛杂交育成的。	毛色为浅黄色、黄色或淡红色。体型外貌近似西门塔尔牛。体格大，体躯长，胸深，背直，四肢短而有力，肌肉强健。母牛乳房大，附着结实。成年公牛体重 1 000～1 100 kg，成年母牛体重 700～800 kg。	年产奶量 4164 kg，乳脂率 4.15%，初产年龄为 28 个月，难产率低。平均日增重 0.985 kg。高产达 4 643 kg。平均屠宰率 62.2%，净肉率 56%。	1996 年和 1997 年，我国先后从加拿大引进该牛，其适应性强，生长发育良好。

图 1-9 夏洛来牛

图 1-10 利木赞牛

图 1-11 皮埃蒙特牛

图 1-12 海福特牛

图 1-13 安格斯牛(无角黑牛)

四、我国北方黄牛品种

“中国黄牛”是除水牛、牦牛以外的群体总称，是我国固有且长期以役用为主的牛群，广泛分布于全国各地。具有适应性强、耐粗饲、牛肉风味好等优点，但缺点是成熟晚、生长速度慢、体型较小，后躯欠发达。

我国黄牛按地理分布区域和生态条件，分为三大类型即：北方黄牛、中原黄牛和南方黄牛。北方黄牛主要包括蒙古牛和延边牛。

我国黄牛主要品种如表1-5所示。

表1-5　我国北方黄牛主要品种介绍

品种	原产地	外貌特征	生产性能	杂交改良效果
蒙古牛（图1-14）	原产于蒙古高原地区。广泛分布于我国北方各省区。	毛色多样，但以黑色、黄色者居多。头短宽、粗重，角长，向上前方弯曲。垂皮不发达。鬐甲低下。胸较深，背腰平直，后躯短窄，尻部倾斜，四肢短，蹄质坚实。皮肤较厚。	中等膘情的成年阉牛，平均屠宰率为53.0%，净肉率为44.60%，眼肌面积56.0 cm^2。	耐干旱和严寒能力强，发病率低。
延边牛（图1-15）	主要产于吉林省延边朝鲜族自治州以及朝鲜。	牛头方额宽，角基粗大，多向外后方伸展成一字形或倒八字形。母牛角细而长，多为龙门角。毛色为深浅不一的黄色，鼻镜呈淡褐色，被毛长而密。胸部宽深，皮厚而有弹力。公牛颈后隆起，母牛乳房发育较差。	18月龄育肥牛平均屠宰率为57.7%，净肉率为47.2%，眼肌面积75.8 cm^2。	适应性良好、耐粗抗寒、抗病力强。善走山路。

图1-14　蒙古牛

图1-15　延边牛

任务二　牛的生物学特性利用

一、牛的生活习性

牛的生活习性有自己的特点，在生产中要把握这些特点，利用这些生物学特性为生产服务。

（一）适应性

（1）对温度的要求　牛是耐寒怕热的动物，低温对牛无明显的影响。但夏季高温可使牛的采食量下降，导致生长速度和产奶量降低，同时，使公牛精液品质下降。所以北方很多地方都适合养牛。耐热性较强的是瘤牛。

（2）对环境的要求　牛不喜欢噪声，喜欢安静的环境，噪声会影响牛的生长和生产性能的发挥。

（二）采食性

（1）对饲料的喜好　牛嗅觉和味觉敏感，喜欢采食草类饲料，尤其是青绿饲草和块根饲料，且喜欢采食带咸味和甜味的饲料。

（2）采食特性　牛没有上门齿，牛采食时依靠有力而灵活的舌卷食饲草，匆匆咀嚼后，将粉碎的草料混合成食团吞入胃中。

需要特别注意：①由于牛采食行为较粗糙，容易将异物吞入胃中造成瘤胃疾病，要防止异物混入草料，避免牛采食外表粗糙、绒毛多、被粪尿和唾液污染的饲草、动物性饲料。②牛没有上门齿，采食的牧草，依靠舌和头的摆动扯断，牧草过矮（5 cm 以下）时，牛不易采食。③牛有夜间采食的习惯，晚上必须给牛加夜草，这对于高产牛、正在肥育中的牛尤为重要。

（三）合群性

（1）牛是群居家畜，具有合群行为，利用其合群性，可以大群放牧。

（2）牛群能形成群体等级制度和群体优胜序列，当不同的品种或同一品种不同的个体混群时，通过角斗决定顺序。

（3）公牛好斗，但去势后性情温顺。

（4）牛的群体行为对于放牧按时归队，有序进入挤奶厅和防御敌害具有重要意义。

（5）牛群混合时一般要 7～10 d 才能恢复安静，牛的这一习性，在育肥时应给予注意，育肥群体中不要加入陌生个体。

（四）休息和运动

（1）牛每天需要 9～12 h 的休息时间，表现为游走、站立或躺卧，休息时反刍、咀嚼食物，牛一昼夜至少躺卧睡眠 3 h。

（2）牛喜欢自由活动，在运动时常表现嬉耍性的行为特征，幼牛特别活跃，饲养管理上要保证牛的运动时间，散栏式饲养有利于牛的健康和生产。

（五）抗病力性能

（1）牛的抗病力很强，必须时刻细致观察，尽早发现疾病，及时治疗。

（2）由于牛的抗病力强，没有经验的饲养员往往不易发现在发病初期的病牛，一旦发现病牛，多半病情已很严重。因此在生产中要注意到这一点。

（六）爱清洁

牛对受粪尿污染的水源和有异味的草料拒食。因此在生产中要做到少给勤添，尽量保证饲料不受污染。

二、牛的消化特点

牛是反刍动物，具有与其他单胃动物不同的独特的消化特点。

（一）唾液腺及唾液分泌

（1）牛的唾液腺主要由腮腺、颌下腺和舌下腺组成。

（2）唾液腺可以分泌唾液，唾液具有润湿饲料、溶解食入物、杀菌和保护口腔的作用。

（3）成年母牛的腮腺一天可分泌唾液 100～150 L，高产奶牛分泌唾液可达 250 L。

（4）牛的唾液中不含淀粉酶，但含有大量的碳酸氢盐和磷酸盐，可中和瘤胃发酵产生的有机酸，以维持瘤胃内的酸碱平衡。

（5）犊牛在哺乳阶段唾液中含有一种独特的舌脂酶，以利胃肠对脂肪的进一步消化，其对于乳脂的消化有重要意义。

（6）牛口腔唾液中还含有较高浓度的黏蛋白、尿素、矿物质（P、Mg、Cl 等），可以为瘤胃微生物连续提供易被吸收的营养物质。

（二）反刍与胃的组成

1. 反刍

（1）反刍动物将采食的富含粗纤维的草料，在休息时逆呕到口腔，经过重新咀嚼,并混入唾液再吞咽下去的过程叫反刍。

(2)反刍就像一种有控制的呕吐,它是对富含粗纤维的植物性饲料消化过程中的补充现象,由逆呕、重咀嚼、混合唾液和吞咽4个过程构成。

(3)牛的日反刍时间一般为6～8 h,反刍周期14～17次,食后反刍来临时间1～2 h。

(4)犊牛一般在生后3周出现反刍。饲料的物理性质和瘤胃中挥发性脂肪酸(VFA)是影响反刍的主要因素。

2.胃的组成

牛的胃占据腹腔的绝大部分空间。由瘤胃、网胃、瓣胃和皱胃四个部分组成,前3个胃主要起贮存食物、水和发酵分解粗纤维的作用,无腺体组织分布,不分泌胃液,一般统称为前胃。皱胃内有腺体分布,可分泌胃液,称为后胃。

(1)瘤胃　占总胃的80%左右,体积最大,一般牛瘤胃体积为94.6 L,俗称"草包"。

瘤胃是细菌发酵饲料的主要场所,内有大量的微生物繁殖,有"发酵罐"之称。

瘤胃是由肌肉囊组成,通过蠕动使食团按规律流动。

(2)网胃　成年牛约占总胃的5%,在4个胃中网胃体积最小,也称"蜂巢胃"。靠近瘤胃,功能同瘤胃。

网胃是吸入水分的贮存库,同时能帮助食团逆呃和排出胃内的发酵气体(嗳气)。

网胃位于瘤胃背囊的前下方,位置较低,因此金属异物(如铁钉、铁丝等)被吞入胃内时,易留存在网胃,引起创伤性网胃炎。网胃的前面紧贴着肺,而肺与心包的距离又很近,金属异物还可穿过膈刺入心包,继发创伤性心包炎。

所以在饲养管理上要特别注意,严防金属异物混入饲料。

(3)瓣胃　成年牛占4个胃的7%,也称"百叶肚"。

瓣胃位于瘤胃右侧面,网胃的内侧面。

初生犊牛的网胃沟(或称食道沟)起着将乳汁自食管输往瓣胃沟和皱胃的通道作用。

对于成年牛,瓣胃如同一个过滤器,通过收缩把食物稀软部分送入皱胃,把粗糙部分留瓣叶间,在此还大量吸收水和酸。

(4)皱胃　其功能与非反刍家畜单胃的功能基本相同,也称"真胃",有消化腺,可以分泌胃液。

皱胃是连接瓣胃和小肠的管状器官,也是菌体蛋白质和过瘤胃蛋白质被消化的部位,食糜经幽门进入小肠,消化后的营养物质通过肠壁吸入血液。

(三)食道沟及食道沟反射

(1)食道沟 食道沟始于贲门,延伸至网胃—瓣胃口,是食道的延续,当它关闭合拢时便形成一个由食道至瓣胃的管状结构,称食道沟。

(2)食道沟反射 在哺乳期的犊牛,食道沟可以通过吸吮乳汁而出现闭合,称食道沟反射。

食道沟反射使乳直接进入瓣胃和真胃,以防牛乳进入瘤胃或网胃而引起细菌发酵和消化道疾病。

一般情况下,哺乳结束的育成牛和成年牛食道沟反射逐渐消失。

(四)瘤胃发酵及嗳气

牛的瘤胃、网胃中寄居着大量的细菌和原虫。据测定,每毫升瘤胃内容物的微生物数量为 109～1 010 个,60 多种。

瘤胃内的微生物不断地发酵着进入瘤胃中的饲料营养物质,产生 VFA 及各种气体(如 CO_2、CH_4、H_2S、NH_3、CO 等)。这些气体只有通过不断地嗳气动作排出体外,才能预防胀气。

牛在饲喂后 0.5～2 h 期间是其产气高峰期。

当牛采食大量带有露水的豆科牧草和富含淀粉的根茎类饲料(如甘薯)时,瘤胃发酵作用急剧上升,所产生的气体来不及嗳出时,就会出现“胀气”,此时应及时机械放气和灌药止酵,否则会引起牛窒息死亡。

三、牛的营养特点

(一)碳水化合物利用

碳水化合物是自然界分布极广的一种有机物质,是植物性饲料的主要组成部分,含量可占其干物质的 50%～80%。

饲料中的碳水化合物在瘤胃微生物及酶的作用下,逐级分解,产生大量的 VFA、CO_2、CH_4 等,作为能源或合成体脂及乳脂肪的原料。

饲喂不同种类及数量的饲料对牛瘤胃液中 VFA 的总量及比例有明显的影响。

(二) NPN 利用

NPN 是非蛋白氮,可以在牛的饲料中均匀加入一定浓度的非蛋白氮,如尿素、铵盐等,增加瘤胃中氨的浓度,有利于微生物蛋白质的合成,同时可节约饲料蛋白质,降低饲料成本,提高经济效益。

牛瘤胃内微生物的活动要求一定浓度的氨,而氨的来源是通过分解食物中的蛋白质而产生的。

饲料蛋白质在瘤胃微生物的作用下，降解为多肽及氨基酸，其中的一些氨基酸进一步降解为有机酸、NH_3 及 CO_2，所生成的氨和一些小分子的多肽以及游离氨基酸通过瘤胃微生物再合成微生物蛋白质。

当瘤胃内微生物到达真胃及十二指肠以后，它们的细胞蛋白质被牛消化和吸收。

微生物蛋白质既含有非必需氨基酸，也含有必需氨基酸，因此牛体所获得的蛋白质与日粮中的蛋白质品质关系不大。

在瘤胃液中氨的浓度对于蛋白质的降解和细菌蛋白质的合成起很重要的作用，如果饲粮中的蛋白质不足，或蛋白质不能很充分地被降解，那么瘤胃中氨的浓度就会很低（低于 50 mg/L），瘤胃细菌的生长就变慢，其结果碳水化合物的分解就会受到影响。

如果瘤胃中蛋白质的降解比细菌蛋白质的合成快，瘤胃液中氨的浓度就会过高，不仅会造成浪费，甚至会引起牛氨中毒。

（三）粗饲料利用

牛属反刍动物，具有特殊的消化结构和生理功能，能够有效利用粗饲料。

在牛的日粮中有近 50%的粗蛋白质来源于粗饲料，80%～90%的中性洗涤纤维需要靠粗饲料来满足，所以在牛的饲料中必须有 40%～70%的粗饲料，才能保证其正常的消化生理需要。

（四）合成维生素

瘤胃微生物可以合成 B 族维生素和维生素 K。

在青贮饲料、青草及胡萝卜等正常供应的情况下，日粮中不需要添加合成的维生素。但脂肪性维生素 A、维生素 D、维生素 E 必须从饲料中供给和满足。

维生素 C 虽然被瘤胃微生物破坏，但又可以在肝脏中合成。

牛体要合成适当数量的维生素 B_{12}，必须供给足够数量的钴。

任务三　牛的饲养标准与日粮配合

一、牛的饲养标准

牛的饲养标准：经过大量反复实验和实践总结制定的一头牛每天应给予主要营养物质的数量及用多少饲料可满足这些营养需要量，称为牛的饲养标准。

牛的饲养标准反映了牛生存和生产对饲料及营养物质的客观要求，它是牛生产计划中组织全年饲料供给，设计饲料配方、生产平衡饲粮和对牛进行标准化饲养的科学依据。

牛的饲养标准包括两个主要部分：一是营养需要量或供给量或推荐量；二是常用饲料营养价值表，营养供给量或推荐量，一般是指最低营养需要量再加上安全系数计算而来。

1.奶牛饲养标准

我国农业部1986年批准颁布第一版《奶牛饲养标准》，2004年出版第三版《奶牛营养需要和饲养标准》。具体内容参见中华人民共和国农业行业标准NY/T 34—2004《奶牛饲养标准》。

2.肉牛饲养标准

具体内容参见中华人民共和国农业行业标准NY/ 815—2004《肉牛饲养标准》。肉牛饲养标准是肉牛群体的平均营养需要量，在实际日粮配合时必须根据具体情况（牛群体况、当地饲料来源、环境、设备等）及肉牛对营养物质的实际需求量进行调整。

二、日粮配合

（一）日粮配合原则

日粮配合必须遵循以下4个原则：

（1）必须准确计算牛的营养需要和各种饲料的营养价值。牛的饲养标准和常用饲料营养价值表是最主要的依据。在有条件的情况下，最好能够实测各种饲料原料的主要养分含量。

（2）日粮组成尽量多样化，以便发挥不同饲料在营养成分、适口性以及成本之间的补充性。粗饲料尽量做到豆科与禾本科互补；草料尽量做到高水分与低水分互补；蛋白质饲料尽量做到降解与非降解饲料互补。

（3）追求粗料比例最大化。

①在确保满足牛营养需要的前提下，要追求粗料比例最大化。这样，可以降低饲料成本，促进牛的健康。

②在可供选择的范围内，要选择适口性好、养分浓度高的粗料。

③在粗饲料质量有限或牛生产水平高的情况下，要尽可能不让精料比例超过60％。

（4）配合日粮时必须因地制宜，充分利用本地的饲料资源，以降低饲养成本，提高生产经营效益。

先配粗饲料，后配精饲料，最后补充矿物质，以满足 Ca、P 的需要。

（二）日粮配合

1. 计算机法

计算机法是用专门的配方软件，通过计算机配合日粮。是目前最先进、最准确的方法。市场上有多种配方软件，其基本工作原理都是一样的，差别主要在于数据库的完备性和操作的便捷性等方面。

2. 手工计算法

手工计算法是在了解牛的生产水平或生长阶段基础上，掌握牛的干物质采食量，计算或查出每天的养分需要量；随后选择饲料，配合日粮。

手工计算奶牛日粮配制的步骤分为七步，其步骤如下（以体重 500 kg，日产乳脂率为 3%的牛奶 15 kg 的成年奶牛的日粮配合为例）：

(1)查奶牛营养需要表（重点是能量、蛋白质、钙、磷），结果见表 1-6。

表 1-6 查得的奶牛营养需要量表

项目	奶牛能量单位 /(NND/d)	可消化粗蛋白质 /(g/d)	钙/(g/d)	磷/(g/d)
维持需要	11.97	317	30	22
产奶	13.05	765	58.5	39
合计	25.02	1 082	88.5	61

(2)查所用饲料的营养成分含量，结果见表 1-7。

表 1-7 查得的所用饲料的营养成分含量表

饲料种类	奶牛能量单位 /(NND/kg)	可消化粗蛋白质 /(g/d)	钙/(g/d)	磷/(g/d)
苜蓿干草	1.54	68	14.3	2.4
玉米青贮	0.25	3	1.0	0.2
豆腐渣	0.31	28	0.5	0.3
玉米	2.35	59	0.2	2.1
麦麸	1.88	97	1.3	5.4
棉籽饼	2.34	153	2.7	8.1
豆饼	2.64	366	3.2	5.0

(3)计算奶牛食入的粗饲料的营养。每天饲喂玉米青贮 25 kg，苜蓿干草 3 kg，豆腐渣 10 kg，可获营养物质量见表 1-8。

表 1-8 奶牛食入的粗饲料可获得的营养物质量

饲料种类	数量/(kg/d)	奶牛能量单位/(NND/d)	可消化粗蛋白质/(g/d)	钙/(g/d)	磷/(g/d)
苜蓿干草	3	4.62	204	42.9	7.2
玉米青贮	25	6.25	75	25	5
豆腐渣	10	3.1	280	5	3
合计		13.97	559	72.9	15.2
不足		−11.05	−523	−15.6	−45.8

(4)不足营养用精料补充。每千克精料按含 2.4 个奶牛能量单位(NND)计算，补充精料量应为：11.05/2.4=4.6。按照 5 kg 精料初步拟订配方，如饲喂玉米 2 kg、麸皮 1 kg、棉籽饼 2 kg，其精料营养见表 1-9。

表 1-9 补充精料的营养成分

饲料种类	数量/(kg/d)	奶牛能量单位/(NND/d)	可消化粗蛋白质/(g/d)	钙/(g/d)	磷/(g/d)
玉米	2	4.7	118	0.4	4.2
麦麸	1	1.88	97	1.3	15.4
棉籽粕	2	4.68	306	5.4	16.2
粗料营养		13.97	559	72.9	15.2
合计		25.23	1 080	80	51
不足		−0.21	−2	−8.5	−10

(5)补充可消化粗蛋白质。加豆饼 0.025 kg(NND：0.05×2.64=0.066；可消化粗蛋白质 DCP：0.025×366=9.15 g；钙：0.025×3.2=0.008 g；磷：0.05×5=0.125 g)，则日粮 NND 总量为 25.362，粗蛋白质为 1 098.3 g，钙为 80.016 g，磷为 51.25 g。

(6)补充矿物质。尚缺钙 8.492 g，磷 9.875 g，补磷酸钙 0.22 g，可获得能量、蛋白质及钙、磷平衡的日粮。

(7)补充营养及非营养性添加剂。小苏打按占精料的 2%计算为 100 g，食盐按占精料的 1%计算为 50 g，微量元素及维生素预混料按 1%计算为 50 g。

按照上述步骤配出的体重 500 kg、日产奶 15 kg(乳脂率 3%)的奶牛日粮结构见表1-10。

表1-10　体重500 kg、日产奶15 kg(乳脂率3%)的奶牛日粮结构配制

饲料种类	进食量/(kg/d)	奶牛能量单位/(NND/d)	可消化粗蛋白/(g/d)	钙/(g/d)	磷/(g/d)
苜蓿干草	3.00	4.62	204.00	42.90	7.20
玉米青贮	25.00	6.25	75.00	25.00	5.00
豆腐渣	10.00	3.10	280.00	5.00	3.00
玉米	2.00	4.70	118.00	0.40	4.20
麦麸	1.00	1.88	97.00	1.30	15.40
棉籽饼	2.00	4.68	306.00	5.40	16.20
豆饼	0.10	0.066	9.15	0.008	0.50
磷酸钙	0.000 22			8.50	4.40
小苏打	0.10				
食盐	0.05				
1%预混料	0.05				
合计	43.300	25.296	1 089.15	88.508	55.90

任务四　牛的常用饲料及其加工调制

一、牛常用饲料

发展养牛业的物质基础和先决条件是饲料，饲料是养牛生产经济效益好坏的最主要决定因素。全面掌握牛常用饲料的种类、特点及加工利用技术，对养牛企业广开饲料来源，提高饲料转化率和经济效益，促进养牛业的稳产、高产具有十分重要意义。

（一）常用饲料的种类及特点（表 1-11）

表 1-11　常用饲料的种类及特点

饲料类型		营养特点	常见的种类
精饲料	禾本科籽实饲料	能量价值高，无氮浸出物含量很高，粗纤维含量低，有机物质的消化率高，去壳皮的籽实消化率达 75%～90%；蛋白质含量不足，且品质差；脂肪含量少，脂肪酸易酸败；钙磷比例不平衡，钙少磷多，含有丰富的维生素 B_1 和维生素 E，而缺乏维生素 D；适口性好，易消化。	玉米、高粱大麦
	豆科籽实饲料	粗蛋白质含量高，品质也较好；脂肪含量略低于禾本科籽实，但大豆、花生含量较高；钙、磷含量较禾本科籽实较多，但钙磷比例不恰当，钙多磷少；胡萝卜素缺乏；无氮浸出物含量为 30%～50%，纤维素易消化。	大豆、蚕豆
粗饲料		体积大，但纤维含量多，难以消化，营养价值低；粗蛋白质含量差异大；含钙量高，含磷量低；维生素含量丰富。	青干草、秸秆、秕壳
青绿饲料		粗蛋白质含量丰富、消化率高、品质优良、生物学价值高，必需氨基酸较全面，赖氨酸、组氨酸含量较多，而蛋氨酸含量较少；维生素含量丰富，含有大量的胡萝卜素，还含有丰富的硫胺素、核黄素、烟酸等 B 族维生素，以及较多的维生素 C、维生素 E、维生素 K 等；钙磷含量差异较大；无氮浸出物含量较多，粗纤维较少，适口性好，消化率高。	苜蓿、红豆草、黑麦草
多汁饲料		干物质中富含淀粉和糖，纤维素含量少，一般不超过 10%，且不含木质素；粗蛋白质含量少，只有 1%～2%，以薯类含量最少，蛋白质含赖氨酸、色氨酸较多；矿物质含量不一致，缺少钙、磷、钠，而钾的含量却丰富；维生素含量因种类不同而差异很大，胡萝卜中含有丰富的维生素，尤以含胡萝卜素最多。甘薯中则缺乏维生素，甜菜中仅含有维生素 C，多汁饲料缺乏维生素 D；适口性好，有机物质消化率高。	甜菜、胡萝卜、甘薯
加工副产品饲料	糠麸类饲料	与原粮相比粗蛋白质、粗脂肪和粗纤维含量都很高，而无氮浸出物、消化率和有效能值含量低；钙、磷含量比籽实高，但是钙少磷多；B 族维生素含量丰富，尤其含硫胺素、烟酸、胆碱和吡哆醇、维生素 E 较多，缺乏维生素 D 和胡萝卜素。	小麦麸、米糠
	油饼类饲料	营养价值很高，可消化蛋白质含量 31.0%～40.8%，氨基酸组成较完全，赖氨酸、色氨酸、蛋氨酸丰富，苯丙氨酸、苏氨酸、组氨酸等含量也不少，粗蛋白质的消化率、利用率均较高；粗脂肪含量随加工方法不同而异，一般经压榨法生产的油饼类脂肪含量为 5%左右；无氮浸出物约占干物质的 1/3 左右（22.9%～34.2%）；粗纤维含量，加工时去壳者含 6%～7%，消化率高；含磷量比钙多；B 族维生素含量高，胡萝卜素含量很少。	大豆饼、棉籽饼、花生饼

续表 1-11

饲料类型		营养特点	常见的种类
	糟渣类饲料	营养成分随原料、加工工艺等差别较大，一般含粗纤维较高，粗蛋白质因其各自的原料不同而有很大差异，但一般均较低；水分含量高，不易贮存和运输。	豆腐渣、甜菜渣、酒糟、醋糟
动物性饲料		粗蛋白质含量高且品质好，必需氨基酸齐全，生物学价值高；无纤维素，消化率高；钙、磷比例适当，能充分被吸收利用；富含 B 族维生素，特别是维生素 B_{12} 含量高；这类饲料来源较少，不可能大量使用。	鱼粉、血粉
非蛋白质含氮饲料		可以代替植物或动物蛋白质饲料，提供合成菌体蛋白质所需要的氨氮，不同产品的含氮量变化幅度较大，除液氨外，为 17%～47%；蛋白质利用率为 75%～95%，相当等量豆饼含氮量的 1.4～6.5 倍。饲料价格高，适合与植物性蛋白质饲料搭配使用，弥补植物性蛋白质饲料的不足。	尿素、二缩尿、铵盐
矿物质饲料		牛的生长、发育、繁殖不可缺少的物质，维持牛的正常新陈代谢。	食盐、石粉、贝壳粉、骨粉

（二）各类饲料全年需要量

1. 奶牛全年各类饲料需要量

为防止饲料突变，保证奶牛饲料常年均衡供应，尽可能供给适合于本地区的经济、高效的平衡日粮，确保奶牛日粮的稳定及高产高效生产，应根据各类牛的饲养头数及饲料消耗量，制定全年饲料生产、储备和供应计划。各类牛全年主要饲料需要量列入表 1-12。

表 1-12 各类奶牛全年或各期主要饲料需要量 kg/(年•头)

饲料种类	成年牛①	后备牛			
		0～2 月龄	3～6 月龄	7～15 月龄	16 月龄至投产
干草	1 200～2 000	30～40	250～350	800～1 000	1 400～1 600
贮藏	5 000～10 000	30～40	200～500	2 200～2 400	3 000～5 000
青绿	5 000～6 000	—	100～400	500～1 500	1 000～3 000
块根块茎	2 500	—	—	适量	适量
糟渣	2 000～2 500	—	—	适量	适量
精料②	3 000～4 000	17～20	200～220	700～800	1 400～1 600
牛奶		300～380			

①成乳牛年产 7 500～8 000 kg，乳脂率 3.1%～3.2%。

②精料中谷实占 50%～55%，糠麸占 10%～12%，蛋白质饲料占 25%～30%，矿物质饲料占 5%，对高产牛应供一定比例的优质豆科牧草。

2.肉牛全年各类饲料需要量

肉牛的饲料以青、粗为主，青、粗、精合理搭配，力求品种多样化，营养齐全。根据国家饲料药物添加剂品种及使用规定严格控制用量，见表1-13。

表1-13 各类肉牛全年或各期主要饲料需要量 kg

饲料类别	成年母牛	育成牛	犊牛
干草与秸秆	400～5 000	2 000～2 500	500
精料	500	400	100
青贮	2 000	1 000～1 500	400～500
磷酸氢钙	35	30	8
食盐	25	13	1.5
糟渣	2 000	1 000～1 500	400～500

二、加工调制饲料

饲料加工调制的目的，就是减少饲料的营养损失，提高饲料的适口性和利用率。牛的饲料在未加工前普遍存在适口性差和利用率不高的问题，尤以粗饲料为甚。所以必须对牛的饲料加工调制。

（一）秸秆饲料的加工调制

作物秸秆是农业生产副产品，是世界上数量最多的一种副产品。

秸秆加工的目的：改变原来的体积和理化性质，便于牛的采食，提高适口性，减少饲料浪费，提高其营养价值。

秸秆加工调制的方法：一般可分为物理处理、化学处理和生物处理3种，其中秸秆青贮属生物处理之列。

1.秸秆青贮

牛喂青贮料可节约大批粮食，降低饲养成本，能显著提高肉牛增重率和奶牛产奶量。秸秆青贮是调制贮藏青绿饲料的有效方法，青贮饲料是牛四季特别是冬春季节的优良饲料，对于提高养牛业的经济效益具有重要意义。

(1)青贮关键要点

①选择原料　青贮原料中含糖量不宜少于1.0%～1.5%，否则会影响乳酸菌的正常繁殖，难以保证青贮饲料的品质。对于含糖少的原料，可以添加3%～5%的玉米面或麦麸单独青贮，也可以和含糖多的原料混合青贮。

②控制时间　青贮玉米秸秆在籽实蜡熟而秸秆上又有一定数量的绿叶，茎秆中水分较多时进行较好。过早会影响粮食生产，过迟会影响青贮品质。作物秸秆

青贮，必须要掌握好时机。

③排除空气 乳酸菌是厌氧菌，乳酸菌的繁殖只有在厌氧的条件下才能进行。如有空气，则乳酸菌不仅不能存活，而且好气的腐败菌、霉菌会乘机滋生，导致青贮失败。因此在青贮过程中，原料要切得长短适宜，并缩短铡短装料的过程。尽量压实，充分排除空气，密封严实。

④控制温度 乳酸菌大量繁殖的适宜温度在25～35℃，在这个温度乳酸菌会很快占主导地位，使其他一切杂菌无法繁殖活动。如果原料温度在50℃以上时，有害菌就会生长繁殖，尤其是丁酸菌会使青贮料出现臭味，以致腐败。

⑤控制水分 含水量为70%左右适于乳酸菌繁殖，水分含量过少青贮原料不易踩实，导致温度容易升高；水分过多容易导致酸度大，牛不喜欢吃。

玉米植株下边有3～5片干叶时含水量70%左右；如果青黄叶比例各半，可适当加水；如果全株青绿，砍后可以晾晒半天。

(2)青贮步骤

①准备青贮设备 青贮饲料制作需要提前选择、购置或建造一定的容器，如青贮塔、青贮坑(窖)、青贮饲料袋、青贮缸等。根据青贮原料的品种和数量确定容器的容量。

青贮坑(窖)：选择地势高燥、地下水位低和土质坚硬向阳的地方。要用砖砌、水泥抹面，以防渗水、倒塌。

挖好窖后，应晾晒1～2 d，以减少窖壁水分，增加窖壁硬度，窖的四周应有排水沟，以防雨水流入窖内。

旧窖(坑)在使用前要清理出杂物，修补并消毒。

②收割和切短青贮原料 选择晴好的天气收割植株达到收割适期的青贮原料，收割后立即运到青贮地点。

青贮秸秆原料切短要求长度在2～5 cm之间。

③装填和压实 a.装窖前先在窖底铺一层15～20 cm厚的麦草或其他秸秆。b.窖壁四周铺一层塑料薄膜，加强密封，防止透水漏气。c.如果原料含水量大，在装填时要掺入适量的糠麸以调节含水量。d.装填青贮秸秆时，应逐层装入，每层装15～20 cm，随装随压实。e.添加糠麸、谷实等进行混合青贮时，要在压紧前分层混合。f.压实的方法：小型窖可用人力踩踏，大型长壕可用链轨拖拉机等，要特别注意压紧窖的边缘和四角。这样层层装填、压实，直至高出窖口50～60 cm为止。

④密封和管理 a.装满秸秆后即可加盖封顶。先覆盖一层塑料薄膜，再盖一层厚20～30 cm切短的秸秆或软草，然后盖上厚30～50 cm洁净的湿土，并做成馒

头形(圆窖)或屋脊形(长窖),盖土的边缘要超出窖口四周外围,以利排水。b.用塑料袋做青贮时,装满秸秆后用细绳扎紧袋口即可。c.青贮后1周内,随时检查、修整封土裂缝、下陷等,避免雨水流入和漏气。d.青贮秸秆装窖密封,经1.5个月后,乳酸菌的发酵过程完成,青贮饲料也就制作成了。便可以开窖饲喂。

(3)青贮饲料饲喂 喂青贮料之前应检查质量——色、香、味和质地。优质青贮饲料应为:颜色黄绿、柔软多汁、气味酸香、适口性好。玉米秸秆青贮带有很浓的酒香味。发霉、发黏、黑色、结块的青贮料不能再用来喂牛。

饲喂时,为避免养分流失、质量下降或发霉变质,青贮窖只能打开一头,要采取分段开窖,分层取,取后要盖好,防止日晒、雨淋和二次发酵。

开始饲喂青贮料时,要逐渐增加,由少到多;停止饲喂时,也应逐步减喂由多到少。以防止暴食和食欲突然下降,要让牛有一个适应过程。

青贮饲料的用量,根据牛的用途、牛的品种、年龄和青贮饲料的质量而定。除高产奶牛外,一般情况可以作为唯一的粗饲料使用。通常喂量,奶牛20~30 kg,役牛10~15 kg,种公牛、肉用牛5~12 kg。

注意:鲜嫩的青草、菜叶青贮后仍然含有大量轻泻物质,喂量过大往往造成牛腹泻,影响消化吸收。

2.秸秆的物理处理

秸秆的物理处理方法一般不能改善秸秆的消化利用率,但可以改善适口性,减少浪费。

秸秆的物理处理方法主要是将秸秆切短或粉碎、制成颗粒、碾青、热喷等。

(1)秸秆粉碎、切短及软化 秸秆切短的长度一般为3~4 cm。秸秆经切短便于采食和咀嚼,并易于与精料拌匀,防止牛挑食,从而减少饲料浪费,提高采食量。秸秆的粉碎、蒸煮软化,能使秸秆的适口性得到改善,但不能提高秸秆的营养价值。

(2)制颗粒 牛用颗粒饲料的大小一般以6~8 mm为宜。粗饲料经粉碎后与其他饲料配成平衡饲粮,然后制成大小适宜的颗粒,适口性好,营养平衡,粉尘减少,便于咀嚼,改善适口性,可以提高牛的采食量。用单纯的粗饲料或优质干草经粉碎制成颗粒饲料,既可以减少粗饲料的体积,又便于贮藏和运输。

(3)碾青 将秸秆铺在地面上,厚度为30~40 cm,上铺同样高度的青饲料,最上面再铺秸秆,然后用磙子碾压。可缩短青饲料晒制的时间,并提高粗饲料的适口性和营养价值。青饲料流出的汁液被上、下两层秸秆吸收,避免了浪费。

(4)揉搓 是使用揉搓机将秸秆揉搓成丝条状。直接饲喂揉搓成丝条状秸秆,牛的吃净率可提高到90%以上。使用揉搓机将秸秆揉搓成柔软的丝条状后进行氨化,不仅氨化效果好,而且可进一步提高吃净率。

(5)热喷　是将初步破碎或不经破碎的粗饲料装入压力罐内，用1.47～1.96 MPa的压力，持续1～30 min后，突然减至常压喷放，即可得热喷饲料。经该热喷处理，可提高牛对有机物质消化率和粗饲料的采食量。结合“氨化”对饲料进行迅速的热喷处理，可将氨、尿素、氯化铵等多种工业氮源安全地用于牛的饲料中，使饲料的粗蛋白质水平成倍地提高。

3.秸秆的化学处理

化学处理可提高秸秆的消化率，改进适口性，增加采食量，这是目前在生产中较实用的一种途径。

(1)碱化处理秸秆

石灰液处理法：秸秆切碎，100 kg的秸秆加食盐0.5～1 kg，生石灰3 kg或熟石灰4 kg，水200～250 L，浸泡12 h或一昼夜捞出晾晒24 h即可饲喂，不必冲洗。

氢氧化钠液处理法：秸秆切碎，100 kg秸秆用1.6%的氢氧化钠溶液6 kg均匀喷洒，然后洗去余碱，制成饼块，分次饲喂。

秸秆经碱化处理后，粗纤维消化率由原来的53.5%提高到76.4%，有机物质的消化率由原来的42.4%提高到62.8%，无氮浸出物消化率由原来的36.3%提高到55.0%。

利用强碱液处理秸秆，增加牛的采食量20%～45%。强碱破坏了植物细胞壁及纤维素构架，易被消化液渗透，从而使粗纤维素消化率提高至50%以上。

(2)氨化处理秸秆　是指在密闭的条件下利用尿素、液氮、碳铵和氨水等，对秸秆进行氨化处理。

氨化处理的优点：是可提供一定的氮素营养，成本低、操作简便，明显改善了秸秆的适口性，提高了秸秆的消化率和粗蛋白水平，对环境基本无污染。提高牛的采食量。

氨化处理秸秆在世界范围内被广泛应用。根据采用的氮源不同而常分为以下3种方法：

尿素氨化法：100 kg秸秆加3 kg尿素，即将3 kg尿素溶解于60 kg水中，逐层均匀地喷洒在100 kg秸秆上(按秸秆量的3%加入尿素)。用塑料薄膜压紧。由于秸秆中含有脲酶，在该酶的作用下，尿素分解放出氨，从而达到氨化的目的。

在尿素短缺的地方，用碳铵也可进行秸秆氨化处理，其方法与尿素氨化法相同，只是由于碳铵含氨量较低，其用量须酌情增加。

液氨氨化法：将秸秆喷入适量水分，使秸秆含水量15%～20%，然后混匀堆垛，底边四周用泥土密封，上盖塑料薄膜，在垛长轴的中心埋入一根带孔的硬塑料管，与液氨罐相连，按秸秆干物质重量的3%通进液氨，氨气很快遍及全垛。

氨化处理时间取决于气温，气温低于5℃时需8周以上；5～15℃需4～8周；15～30℃需1～4周。启封后通风12～24 h待氨味消失，即可饲喂。

氨水氨化法：按秸秆重10%的比例加入含氨量15%的农用氨水。把氨水逐层均匀喷洒于秸秆上。喷洒完氨水后，用塑料薄膜将垛封严。

氨水氨化法在气温不低于20℃时，5～7 d氨化完成，启封后12～24 h待氨味消失即可饲喂，也可按上述液氨的“堆垛法”处理。

相比之下，尿素氨化不仅效果好，操作简单、安全，也无须任何特殊设备，是一种秸秆氨化处理的好方法。用液氨氨化效果虽然好，但必须使用特殊的高压容器（氨瓶、氨罐、氨槽车等），从而增加了成本，也增加了操作的危险性。氨水和碳铵效果稍差。

4.秸秆的生物处理

秸秆的生物处理是利用微生物在发酵过程中分解秸秆中的半纤维素、纤维素等，再连同菌体喂牛，又称微贮。

微贮对提高粗蛋白含量、改善秸秆的营养价值有一定效果。

（1）秸秆发酵处理　一种是将秸秆切碎，加入含糖物质（糖蜜或粉碎的甜菜），掺入过磷酸钙和尿素来培养酵母；另一种是纤维素先进行水解，然后再进行发酵。

酵母发酵法：秸秆先粉碎，用热水浸湿，掺入酵母，分层装入木箱或塑料袋中。在24～26℃的条件下，发酵12 h以上。

掺糖类物质发酵法：a.将400～600 L水注入容积3～7 m^3的贮罐中，通入蒸汽，将水加热到60～65℃，然后再将秸秆装入贮罐。b.如贮罐可容纳1t饲料，则经过粉碎的秸秆数量不应超过混合物重量的30%～35%，其余65%～70%应为掺入的含淀粉或糖类的粉碎饲料，如谷物、糖用甜菜和糖蜜等。c.贮罐中还应加入过磷酸钙和硫酸铵的萃取物，以及10～15 kg的麦麸和0.2～0.3 L浓盐酸。d.待上述工序完成后，将混合饲料用搅拌器拌匀，通入蒸汽，使混合料在80～90℃下保持1.5～2 h。e.在28～30℃下通风冷却，再按贮罐中内容物的重量加入5%～8%的发酵剂，并仔细搅拌，每隔2～3 h一次，这样经过9～12 h即可。

（2）秸秆饲料酶——酵母加工处理　是用酵母菌将秸秆进行发酵处理，以产生酵母发酵饲料的一种秸秆调制方法。

采用这种方法加工处理的饲料，蛋白质和纤维素的消化率可分别提高到80%和85%，与谷物饲料的水平相当。饲料经处理后具有禾本科牧草青贮料的稠度和面包香味，稍具酸味。

这种方法在拥有饲料车间和配备有搅拌和蒸煮设备的畜牧场均可使用。具体方法如下：

①秸秆切碎，然后将500～700 kg切碎秸秆送入搅拌—蒸煮设备中，启动搅拌器，并依次加入尿素10～15 kg、磷酸二铵10 kg、磷酸二氢钙10 kg和食盐10 kg，之后继续加料，并每隔5～10 min给搅拌—蒸煮容器送一次蒸汽，直到加料工序结束，使饲料混合物在90～100℃的条件下蒸煮50～60 min。在此期间，搅拌器应每运转10～15 min间歇一次，这样便达到了高温灭菌和饲料与各种矿物质盐及添加剂充分混合的目的，并能使尿素分解产生氨气，使纤维进一步得到破坏。

②高温灭菌后用自来水或空气将混合料冷却至50～55℃以下，以防止酶失去活性。然后再按每吨秸秆5 kg的比例，向搅拌机中加入各种酶制剂，发酵应持续2 h，其间搅拌机每运转10～15 min间歇10 min，发酵结束时，混合料中的温度应降至28～32℃。此时，再向搅拌机内加入100～150 L的“酵母乳”。

③制取“酵母乳”的方法：每4.5～5.0 t秸秆混合料应用30～40 kg的麸皮或面粉或20 kg糖蜜，将其拌入100～150 L热水中，在28～32℃的条件下，向这种液态混合物中按4∶1的比例加入10 kg的面包酵母和0.5 kg的酶制剂，充分搅拌后，再充分暴露于空气之中，以强化酵母生长。

（二）青干草的加工调制

调制干草，方法简便，原料丰富，成本低，便于长期大量贮藏，尤其优质干草饲用价值高，营养丰富，利用它可以节约大量的蛋白质饲料，降低饲养成本，提高经济效益，在养牛生产上起着重要的作用。

1.青干草制作的几种实用方法

(1)人工干燥法

高温快速干燥：将切碎的青草(长约25 mm)快速通过高温干燥机再由粉碎机粉碎成粒状或直接压制成草块。这种方法主要用来生产干草粉或经轧粒机压制成干草饼。

常温鼓风干燥：牧草在草棚中或在室外露天堆贮场进行干燥。如果刈割后的牧草在田间预干到含水量在65%左右时，置于设有通风道的草棚下，进行干燥，可节省能源开支。

牧草在露天经堆垛后，在草堆中设置栅栏通风道，用鼓风机强行吹入空气干燥。

这种方法在干草收获时期，白天、早晨和晚间的相对湿度低于75%，温度高于15℃时使用。

低温烘干法：利用加热的空气将青草水分烘干。干燥温度在50～70℃，需5～6 h；在20～150℃，5～30 min即可干燥。

(2)草架干燥法　把割下来的牧草在地面上干燥0.5～1 d，使其含水量降至

45%～50%。无论天气好坏都要及时用草叉将草自上而下上架。最底层应高出地面,不与地面接触,这样既有利于通风,也避免与地面接触吸潮。在堆放完毕后应将草架两侧牧草整理平顺,这样遇雨时,雨水可沿其侧面流至地表,减少雨水浸入草内。

这种方法可以大大地提高牧草的干燥速度,保证干草品质,减少各种营养物质的损失。

在自然条件下晒制干草,干物质的损失约占鲜草的20%,蛋白质损失约占30%。为了避免营养物质的损失,采用人工快速干燥法,则营养物质的损失只占鲜草总量的5%～10%。

(3)地面干燥法 牧草收割后,平铺成薄层在阳光下暴晒6～7 h,使牧草凋萎,含水40%～50%。然后用搂草机搂成松散草垄,继续干燥4～5 h,使含水降至35%～40%,叶子开始脱落前时用集草器集成小草堆。牧草含水降至38%时,植物酶和微生物酶对养分的分解才能减慢。继续干燥1.5～2 d即可制成青干草,含水15%～18%,然后进行贮存。

2.青干草的堆垛与贮藏

(1)堆垛贮藏的青干草水分含量不应超过18%,否则容易发霉、腐烂。

(2)草垛必须要坚实、均匀,尽量缩小受雨面积。草垛顶脊一定要用草绳或泥土封压坚固,以防大风吹刮。垛顶不应有凹陷和裂缝以防雨水进入。

(3)在青干草的贮藏过程中要注意做好防畜、防火、防雨、防雪水的四防工作。对草垛要定期检查和做好维护工作,如发现垛形不正或漏缝,应当及时修整。及时采取散热措施,防止草垛自燃。要使用防腐剂,以防止青干草在堆贮过程发霉变质。

3.青干草的饲喂

(1)饲喂给牛前,应检查其质量——色、香、味和质地。优质青干草颜色鲜绿、香味浓郁、适口性好、叶量多、叶片及花序损失不到5%。

(2)为避免养分流失、质量下降或发霉变质,要分段、分层取青干草饲喂牛只。

(3)饲喂牛,防止暴食和食欲突然下降,要让牛有一个适应过程。

(三)精饲料的加工调制

精饲料的消化率和营养价值一般都比较高,但内部淀粉粒的结构、种皮、硬壳都影响营养成分的消化吸收和利用。所以,在饲喂前这类饲料必须经过加工调制,以便能够充分发挥饲料的作用。

1.磨碎

(1)为避免质地坚硬或有皮壳的饲料如整粒玉米难以消化而由粪中排出,造成浪费,喂前必须将饲料磨碎。

(2)精饲料不必磨得太细,以碎到直径 1～2 mm 为宜。

(3)棉籽以整粒饲喂为好,在瘤胃内棉籽表层棉纤维素可以被消化,棉籽实中的蛋白质和脂肪等输送到真胃后再被消化。

2.压扁

(1)将谷物用蒸汽加热到 120℃左右,再用压扁机压成 1 mm 厚的薄片,迅速干燥。

(2)压扁加热处理使饲料中的淀粉糊化,豆类籽实中抗营养因子受到破坏。因此,饲料消化率高。

3.浸泡及湿润

(1)浸泡多用于硬实的籽实或油饼,湿润用于尘粉多的饲料。浸泡及湿润使饲料软化或用于溶去有毒物质。

(2)坚硬的饲料,经过浸泡后变得膨胀柔软,便于咀嚼和消化。但是为避免营养成分的损失,适口性也降低,浸泡的时间应掌握好,不要浸泡时间过长。有的饲料浸泡过久会变质。

(3)为防止饲料中粉尘多而影响牛的采食和消化,磨碎或粉碎的精料,喂牛前,应尽可能湿润一下。湿润的饲料也可以预防粉尘呛入气管而造成的呼吸道疾病。

4.饲料颗粒化

(1)颗粒饲料属全价配合饲料的一种,可以直接用来喂牛。

(2)颗粒饲料制作方法是根据家畜的营养需要,饲料粉碎后,按一定的饲料配合比例搭配,充分混合,用饲料压缩机加工成一定的颗粒形状。

(3)颗粒饲料一般为圆柱形,喂牛时以直径 4～5 mm、长 10～15 mm 为宜。

(4)颗粒饲料适口性好,营养齐全,饲喂方便,有利于消化,可以增加牛的采食量,减少饲料损失,充分利用饲料资源,现在在养牛生产中的应用较多。

除了以上方法,还可以通过对精饲料进行焙炒、蒸煮、糖化、发芽等处理。

思考讨论

1.简述我国黄牛品种在发展肉牛生产中所起的作用。

2.简述制作奶牛日粮配方的方法与步骤。

3.简述饲料青贮的关键要点。

4.怎样识别品质好的青贮玉米秸秆?

5.秸秆的氨化怎样处理?

项目二　牛场建设与环境控制

【能力目标】

会科学选择牛场场址。会分析现有牛场场址选择方面的优点和缺点，并能提出改进措施。能绘制牛场场区布局与规划的平面草图及各类牛舍示意图。会对栏舍进行合理布局（设置）、（会）对饲喂设施、饮水设备进行合理选择（安排），（并进行规划布局）。能根据牛场规模、生产工艺确定各类牛群的数量。能对牛舍环境进行有效调控。

【知识目标】

能选择牛场场址，知道牛场的经营类型、生产工艺流程和牛场建设的基本要求、牛舍的样式、牛栏类型、牛栏的种类及饮喂设施。

【重点和难点】

重点：牛场场址选择。

难点：牛场及牛舍建筑的规划设计，各阶段牛群数量的确定。

【项目说明】

项目概述：养牛生产的效果不仅取决于牛本身的遗传潜力，还与牛只所处的环境条件密切相关。只有通过正确选择场址、饲养工艺流程和牛舍类型，合理规划布局牛场建筑，科学设计建造牛舍，搞好牛场（舍）环境控制、科学处理与利用废弃物，为牛只的生存和生产创造适宜的环境条件，保证牛群健康高产，才能提高经济效益、社会效益和环境效益。

项目载体：牛场规划与设计仿真软件、牛场规划与设计仿真实验室、规模化养牛场、牛场内实训室（配有多媒体）。

技术流程：

选址→规划布局→生产工艺→确定牛群数量、牛舍类型、设备→控制舍内环境

项目开展的依据：

任务	工作依据及资讯	工作页
2-1 牛场设计与建设	牛场场址选择和布局的要求	2-1
2-2 牛场的环境控制	牛场环境的控制要点	2-2

任务一　牛场设计与建设

科学的设计与建设牛场是实现养牛现代化必不可少的一个重要环节。良好的环境是实现牛场高效运行的基础条件。按照投资少、利用率高、经济适用、便于机械化作业的原则，根据不同生产类型牛的饲养特点和不同地区的自然环境、气候条件，因地制宜地建好牛场，对保持牛体健康、提高牛场养殖效益、保护生态环境都具有重要意义。

一、选择场址

(一)选址原则

(1)根据各地区产业化发展建设目标、农田基本建设规划、城镇建设发展规划、国家畜牧业发展规划等来规划选择场址。要适应现代养牛业的发展趋势。

(2)因地制宜，并根据资金、技术、场地和饲料等资源情况确定养殖规模。

(3)场区面积可根据饲养规模、管理方式、饲料贮存和加工条件等来确定。

(二)选址要求

1. 地势

(1)牛场场址应选择在地势较高，通风良好、背风向阳、排水良好的干燥环境中。

(2)地势坡度 1%～3%，最大 25%。北高南低，总体平坦。为避免排水困难、汛期积水及冬季防寒，不可以选择低洼处。

(3)地形要开阔整齐。不要选择狭长和多角形，方形有利于场地规划和建筑物布局。

(4)为选择有利地势，要综合考虑当地的气象因素，如温度(最高温度、最低温

度)、年降雨量、湿度、主风向、风力等。

2. 土质

沙壤土土质松软,透水性好,抗压性强,雨水尿液不易积聚,有利于运动场及牛舍的清洁与卫生,有利于防止蹄病的发生。黏土最不适合。

3. 水源

(1)牛场生产中需水量很大,1 头奶牛仅饮水量每天就达 70～130 kg。

(2)地下水位应在 2 m 以下,水源要清洁、充足,水质良好,取用方便。

(3)不能在严重缺水或水源严重污染地区建场。

4. 饲料

(1)草山、草坡放牧养牛,要有大面积人工草地和充足的放牧场地。

(2)农区以舍饲为主,更要有足够的饲料饲草来源或饲料饲草基地。

(3)牧区牛场应选择牧地广阔,牧草品质好种类多的场所,牛场附近要有可种植牧草的优质土地种植高产牧草,以补充天然饲草不足。

5. 能源电讯

牛场场址要电源充足,通信条件方便,这是现代化、规模化牛场对外交流、合作的必备条件,便于产品交换与流通。

6. 周边环境

(1)牛场一般离居民区 500 m 以上,距主干公路、铁路至少应相距 1 000 m 以上,且周围要有绿化隔离带。

(2)要远离居民区的垃圾和污水排出处,更要远离化工厂、屠宰厂、制革厂等。

(3)奶牛场周围地区应为无疫病区,牛场与牛场之间要有一定的距离,有利于疾病和传染病的预防。

(4)要避免有放牧的牛、羊在牛场近区放牧。

(5)也要考虑到饲料供给、鲜奶的运出及工作人员的往来等交通便利等因素。

二、场区的规划与布局

牛场分为职工生活和管理区、生产区、隔离区及粪尿堆贮区。各区相互隔离。

运送饲料和鲜奶的道路与装运牛粪的道路应分设,并尽可能减少交叉点。

为便于防疫和安全生产,应根据当地全年主风向和场址地势,有顺序规划布局各区(图 2-1)。

1. 职工生活和管理区

牛场经营活动、社会联系、生产资料的配置和产品的销售等都集中在管理区内。

为保证生活区的良好卫生环境和生活质量,同时也防止人畜共患疫病的相互

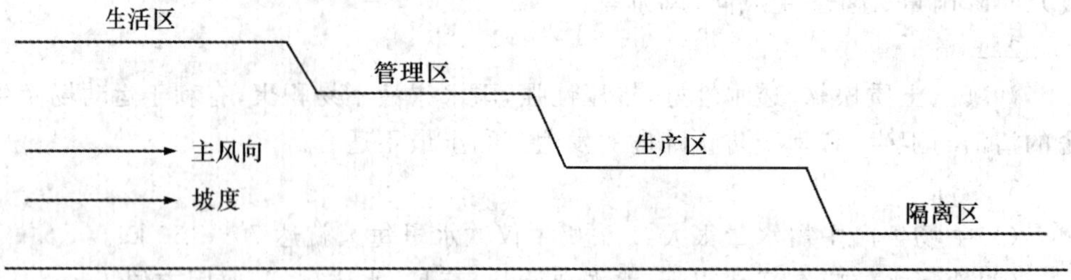

图 2-1 牛场各区按地势、风向布局示意图

传播，职工生活和管理区选择在全场上风向和地势较高的地段，与生产区保持100 m 以上的距离。

2.生产区

(1)设有隔离室和消毒池，严禁非生产人员和场外运输车量进入生产区，以保证生产区的安全和安静。

(2)生产区牛舍布局要合理，分阶段分群饲养。以挤奶厅为中心，按泌乳牛群、产房、干奶牛群、犊牛舍、育成前期、育成后期牛舍顺序排列。

(3)为便于管理和防疫，原则上每栋牛舍不超过 100 头牛。各牛舍之间要保持10 m 以上的距离，布局整齐，以便防疫和防火。但也要适当集中，以节约水电线管道，缩短饲草饲料及粪便运输距离。

(4)采取南向即牛舍长轴与纬度平行，这样可防止夏季太阳光的强烈照射也有利于牛舍冬季的采光。

(5)生产区还包括干草及块根饲料存放处、饲料加工车间、饲料库、青贮窖、锅炉房等。干草及块根饲料存放处、饲料库、青贮窖应处在上风处，离牛舍较近的地方，并充分考虑防止火灾或其他灾害。

3.隔离区

(1)在生产区的下风向，建有诊疗室、药房、病牛隔离室。

(2)隔离区与其他区相对独立，并有隔离屏障，与牛舍相距 300 m 以上。设有单独的入口和通道，便于消毒和隔离。病牛区的废弃物和污水要进行严格的消毒处理，防止疫病传播和污染环境。

4.粪尿堆贮区

(1)贮粪场的位置既要便于把粪便由牛舍、运动场运出，又要便于运到田间施用。

(2)贮粪场设在生产区下风向地势低处，与牛舍至少有 200～300 m 的间距。同时，应使粪便在堆放期间不致造成环境污染和蚊蝇的滋生。

(3)现代化或生态化的牛场发展方向是设沼气池,就地转化利用牛场的废弃物,产生能源供生活和生产使用。沼气池可以在地上建成类似于青贮塔,也可以在地下建立。

三、养牛小区建设

养牛小区是我国提高养牛规模化程度行之有效的一种手段。加速了养牛规模化进程,对科学组织养牛生产,提高养牛业生产力具有深远意义。

1. 奶牛公寓式

由养殖大户、企业、县或乡政府投资,按照一定的功能和规模统一设计和建设奶牛公寓。机械挤奶设备由企业提供。政府和村民委员成立管委会,实行统一规划、统一建场、统一技术服务、统一防疫。农民可以在小区内租赁牛舍等基础设施,各养牛户自行管理和经营自己的奶牛。

2. 托牛所式

托牛所式的奶牛小区也是由养牛大户、企业、县或乡政府统一建设,农户把奶牛交给小区饲养、管理和经营。这种模式要求小区管理者具备较高的管理和经营水平,他必须能通过高水平的管理和经营为农户带来更高的收入。小区与农户之间通过合同明确双方的利益分配等权益,定期为农户分红。

3. 股份合作形式

多个农户以奶牛、现金、设备、房舍等入股,建设奶牛小区,购置设备和奶牛,按照股份制章程经营和运作。公司选定经理,具体负责生产、管理与销售。股东按股分成。

4. 养殖大户自筹资金建小区模式

建好小区后,养殖大户自己把部分牛舍租给其他养殖户使用,自己负责鲜奶收购,靠购销差价和畜舍租金回收投资。

四、牛舍设计与建筑

(一)奶牛舍

1. 奶牛舍的形式

(1)按饲养方式不同,分为散栏式牛舍和拴系式牛舍。

①散栏式牛舍(图 2-2)

a. 散栏式牛舍为便于规模化生产,分采食区、休息区和挤奶区,这样可大幅度提高劳动效率。

b. 牛舍内部设备简单,造价低,减少褥草消耗(大约节省 75%)。

c. 奶牛在散栏式牛舍内可在休息区、采食区自由活动。

d. 散栏式牛舍缺点是不易做到个别饲养，传染病传染的机会多（由于奶牛使用共同的饲槽和饮水设备）。

e. 国内新建的机械化奶牛场由于饲养管理群体化，大多采用散栏式饲养。

f. 散栏式牛舍的总体布局以奶牛为中心，建立公用的人工授精室、产房、兽医室和供水供热、排污排水、道路等。通过对精饲料、粗饲料、牛奶、粪便处理四个方面进行分工，逐步形成四条生产线。

图 2-2 奶牛舍

g. 散栏式牛舍要求牛舍相对集中，并按泌乳牛舍、干奶牛舍、产房、犊牛舍、育成牛舍顺序排列，使干奶牛、犊牛与产房靠近，而泌乳牛与挤奶厅靠近。

h. 散栏式牛舍可分为房舍式，棚舍式和荫棚式。房舍式牛舍适合于北方。一般屋脊上有钟楼式或其他形式的排气设置。

i. 散栏式牛床排列，可根据规模大小设计成单列式、双列对头式或双列对尾式、三列式和四列式。其他内部设施可参考拴系牛舍。

j. 牛床的隔栏由 2～4 根横杆组成，顶端横杆高 1.2 m，底端横杆与牛床地面的间隔以 35～45 cm 为宜。

k. 散栏式牛床总长为 2.5 m，较通道高 15～25 cm，边缘呈弧形。如不用垫料的床面可与边缘平，并有 4%的坡度，以保持牛床的干燥。用垫草的牛床面可比床边缘稍低些，以便用垫草或其他垫料将之垫平。

l. 隔栏的式样主要有大间隔隔栏（图 2-3）、稳定短式隔栏（图 2-4）等。

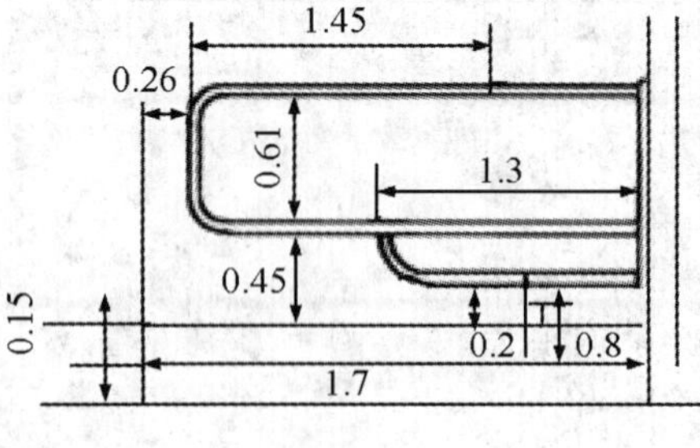

图 2-3 大间隔隔栏及牛床示意图（单位：m）

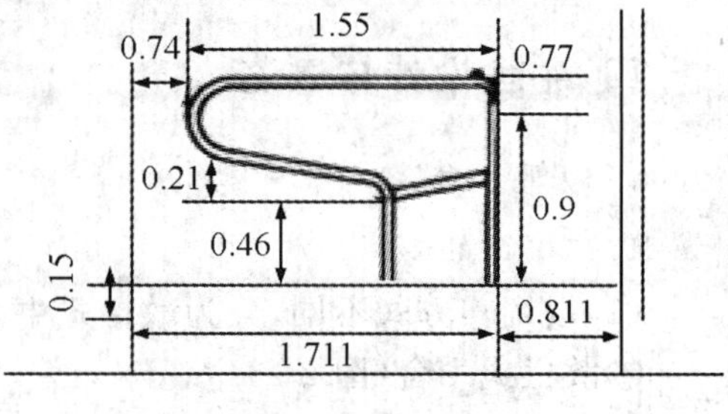

图 2-4 稳定短式隔栏及牛床示意图（单位：m）

m. 牛舍内走道的结构视清粪的方式而定。

采用水力冲洗牛粪的走道应用漏缝地板，漏缝间隔为 3.8～4.4 cm。

采用机械刮粪，一般为水泥地面，走道宽与机械宽相适应，并有 2%～3%的斜度，走道的宽为 2.0～4.8 m。

n. 饲架将休息区与采食区分开。散栏式饲养大多采用自锁式饲架，其长度可按每头牛 65 cm 计。

②拴系式牛舍　是普遍使用的一种传统牛舍。其优点是饲养管理可以做到精细化。而缺点是费事、费时，难于实现高度的机械化，劳动生产率较低。

a. 每头牛都有固定的牛床，用颈枷或链条拴住牛只。一般每头牛的牛床面积为 1.5～2.0 m^2。

b. 拴系式牛舍内布局可分单列式、双列式和四列式等。

c. 牛群 20 头以下者可采用单列式。

d. 20 头以上者多采用双列式。双列式牛舍内分对头式和对尾式两种，一般认为对尾式比较理想。有利于通风采光和减少疾病的传染。见图 2-5。

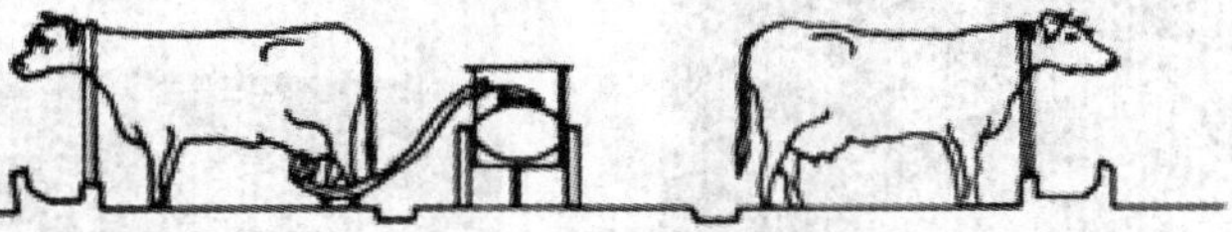

图 2-5　对尾式牛舍示意图

(2)按牛舍屋顶形式分为钟楼式、半钟楼式、双坡式和弧形式四种，如图 2-6 所示。

钟楼式：适合于南方地区，通风良好，但构造比较复杂，耗料多，造价高。

半钟楼式：构造复杂、通风较好，但夏天牛舍北侧较热。

双坡式：造价较低，适用性强。屋顶呈楔形，适用于较大跨度的牛舍。在南北方均用得较为普遍。

弧形式：适用于大跨度的牛舍。结构简单，坚固耐用。采用钢材和彩钢瓦做材料。

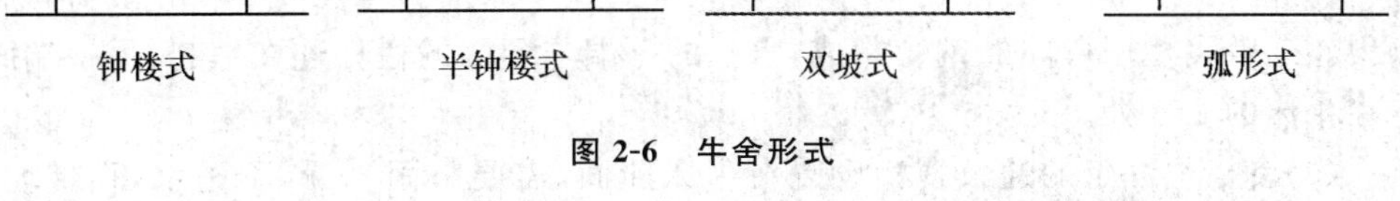

图 2-6　牛舍形式

2. 奶牛舍内的主要设施

(1)牛床(图 2-7、图 2-8)

①牛床是奶牛采食、挤奶和休息的场所,应坚固耐用,具有保温、不吸水、清洁、消毒方便的特点。

②牛床的排列方式,根据地形条件和牛场规模而定,可分为单列式、双列式和四列式等。

③牛床要求长宽适中,牛床过宽过长,牛活动余地过大,牛的粪尿易排在牛床上,影响牛体卫生;过短过窄,会使牛体后躯卧入粪尿沟且影响挤奶操作。

④牛床的坡度应适当,并要高于舍内地面 5 cm,以利于冲洗和保持干燥。坡度通常为 1°～1.5°,但不要过大,否则奶牛易发生子宫脱和脱跨。

⑤北方寒冷,地面潮凉,牛床上应铺硬质木板,木板表面刨糙,防止奶牛滑倒。或者用橡皮或塑料材料做面层防潮保温。

图 2-7 牛床(一)

图 2-8 牛床(二)

牛床长、宽设计参数见表 2-1。

表 2-1 牛床长、宽设计参数 cm

牛群类别	长度	宽度
成年奶牛	170～180	110～130
青年牛	160～170	100～110
育成牛	150～160	80
犊牛	120～150	60

(2)隔栏 牛床设有隔栏,以防止奶牛横卧在牛床上。隔栏高 80 cm 由前向后倾斜。通常隔栏用弯曲的钢管制成,隔栏的一端与颈枷的栏杆连在一起,另一端固定在牛床的 2/3 处。

(3)食槽 固定的通长食槽设置在牛床前面,需要坚固光滑,不透水,稍带坡,以便清洗消毒。槽底壁呈圆弧形以适应牛舌采食的行为特点。槽底高于牛床地面5～10 cm。

一般成年牛食槽尺寸见表 2-2 和图 2-9。

表 2-2 牛食槽设计参数 cm

奶牛	槽上部内宽	槽底部内宽	前沿高	后沿高
泌乳牛	60～70	40～50	30～35	50～60
育成牛	50～60	30～40	25～30	45～55
犊牛	30～35	25～30	15～20	30～35

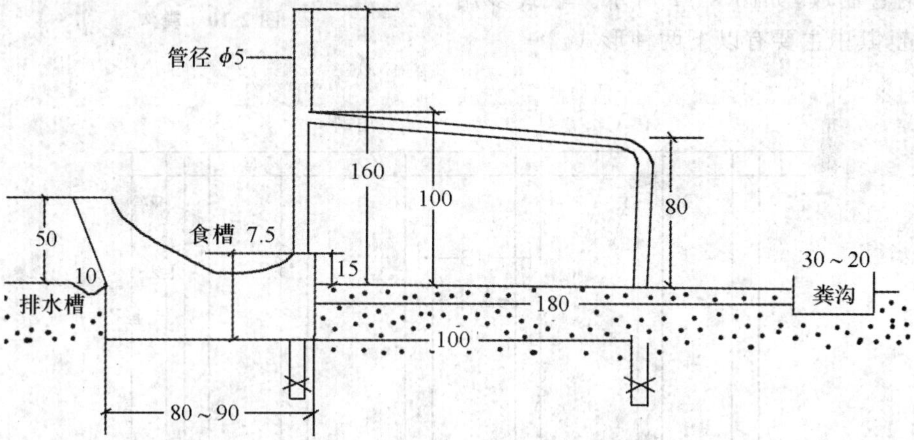

图 2-9 牛床及食槽侧面示意图(单位:m)

(4)饮水设备 采用自动饮水设备,一般每 2 头牛提供 1 个,设在两牛栏之间。既清洁卫生,又可提高产奶量。

(5)喂料通道 位于饲槽前,通道宽应便于人工和机械操作,其宽度一般为 1.2～1.5 m,坡度为 1°。

(6)中间过道 中间过道一般宽 1.6～2.0 m,与粪尿沟相连。是清粪尿、奶牛出入和进行挤奶作业的通道。路面呈鱼脊式并划菱形槽线防滑,坡度最好大于 1°。

(7)粪沟(图 2-10)

①牛床和中间过道之间设有粪尿沟,明沟沟沿做成圆钝角。

②沟宽 30～40 cm,沟深 10～20 cm,以板锹能放进沟内为宜。沟底便于排水约带 6°的坡度。

③现代化奶牛舍粪尿沟多采用漏缝地板，或安装链刮板式自动清粪装置，链刮板在牛舍往返运动，可将牛粪直接送出牛舍。

图 2-10 粪沟

(8)颈枷 颈枷要求坚固、轻便、光滑、操作方便。把牛固定在牛床上，不至于随意乱动，以免前肢踏入饲槽，后肢倒退至粪尿沟。便于起卧休息、采食和挤奶。常见颈枷有硬式和软式两种。硬式用钢管制成，如图 2-11 所示。软式多用铁链，其中主要有以下两种形式。

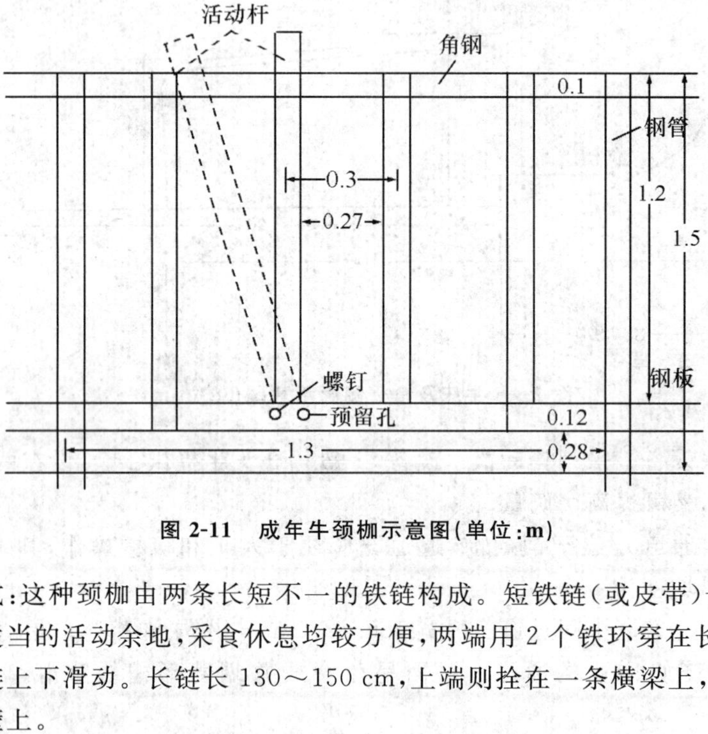

图 2-11 成年牛颈枷示意图(单位:m)

直链式：这种颈枷由两条长短不一的铁链构成。短铁链（或皮带）长约 50 cm，为使牛有适当的活动余地，采食休息均较方便，两端用 2 个铁环穿在长铁链上，并能沿长铁链上下滑动。长链长 130～150 cm，上端则拴在一条横梁上，下端固定在饲槽的前壁上。

横链式：两条铁链组成，长短不一。短链固定在横的长链上套住牛颈，牛只能自如地上下左右活动，不至于拉长铁链而导致抢食。为主的长链横挂着，其两端有滑轮挂在两侧牛栏的立柱上，可自由上下滑动。

(9)门 不设门槛。每栋牛舍应有一个或两个门，位于牛舍两端和两侧面，通向运动场，门向外，可保证牛舍的通风采光。运料门和清粪门分开。

不同牛舍门尺寸见表 2-3。

表 2-3 不同牛舍门的尺寸 m

奶牛	门宽	门高
成年牛、青年牛	1.8～2.0	2.0～2.2
育成牛、犊牛	1.4～1.6	2.0～2.2

(10)窗

①窗户总面积一般为牛舍占地面积的 8%，有效采光面积与牛舍地面面积比为：育成牛、初孕牛和犊牛 1∶(10～14)，成年牛 1∶12。

②南窗规格为宽 1.0 m，高 1.2 m，数量宜多。北窗规格为宽 0.8 m，高 1.0 m，数量宜少。

3.挤奶厅

采用厅式挤奶机可提高牛奶质量和劳动效率，挤奶厅是奶牛规模化生产中的重要配套设备。

挤奶厅分固定式和转动式。固定式挤奶厅又有直线形和菱形两种类型；转动式挤奶厅根据母牛站立的方式则有串联式、鱼骨式和放射形几种类型。

(1)固定式挤奶厅

①直线形挤奶厅(图 2-12 和图 2-14)：挤奶设备经济实用，平均每个工时可挤 30～50 头奶牛。

挤奶员站在厅内两列挤奶台中间的地槽内，牛在挤奶台上，成两旁排列。挤奶员不必弯腰工作，先完成一边的挤奶工作后，然后去进行另一边的挤奶工作。接着放出已挤完奶的牛，放进一批待挤奶的母牛。

②菱形挤奶厅(图 2-13)：一般在中等规模或较大的奶牛场上使用。

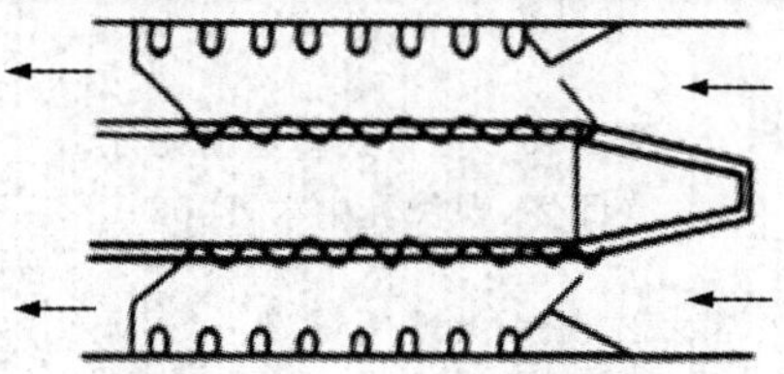

图 2-12 直线形挤奶厅示意图
(邱怀，现代乳牛学，2002)

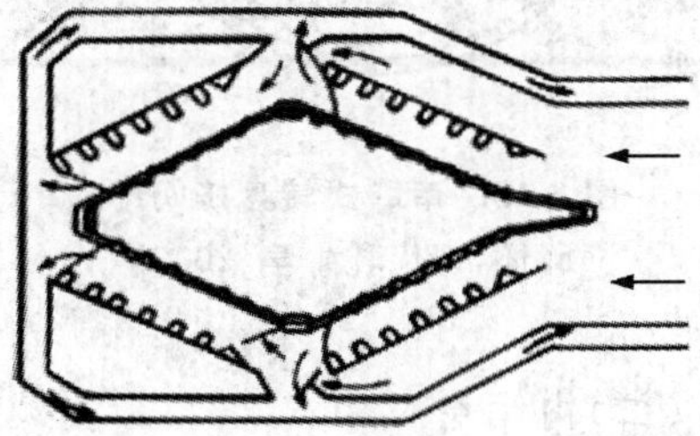

图 2-13 菱形挤奶厅示意图
(邱怀，现代乳牛学，2002)

挤奶台为菱形。挤奶员在一边挤奶台操作时能同时观察其他三边母牛的挤奶情况,工作效率较直线形挤奶台高。

图 2-14 直线形挤奶厅

(2)转动式挤奶厅

①串联式转盘挤奶厅:每个工时可挤 70~80 头奶牛。

串联式转盘挤奶厅转盘上有 8 个床位,牛的头尾相继串联,牛通过分离栏板进入挤奶台。串联式转盘挤奶厅是专为一人操作而设计的小型转盘。根据运转的需要,转盘可通过脚踏开关开动或停止(图 2-15)。

②鱼骨式转盘挤奶厅:鱼骨式转盘挤奶厅的优点是机械化程度高,操作方便,劳动效率高,省劳力。但设备造价高。

鱼骨式转盘挤奶厅与串联式转盘挤奶台基本相似,所不同的是牛呈斜形排列,似鱼骨形,头向外,挤奶员在转盘中央操作,这样可以充分利用挤奶台的面积。

鱼骨式转盘挤奶厅配有自动饲喂装置和自动保定装置。一人操作的转盘有 13~15 个床位,两人操作则有 20~24 头牛(图 2-16)。

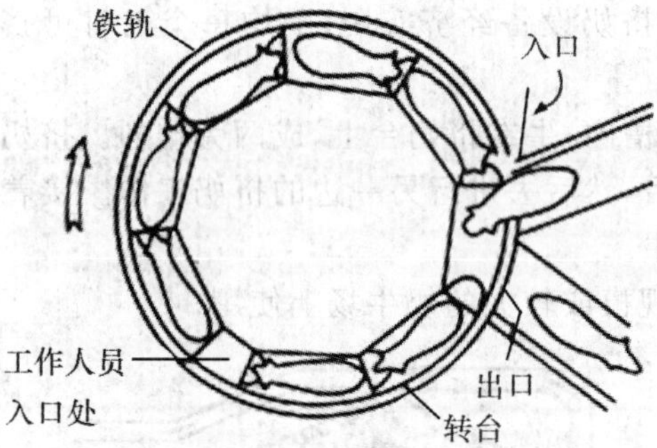

图 2-15 串联式转盘挤奶厅
(邱怀,现代乳牛学,2002)

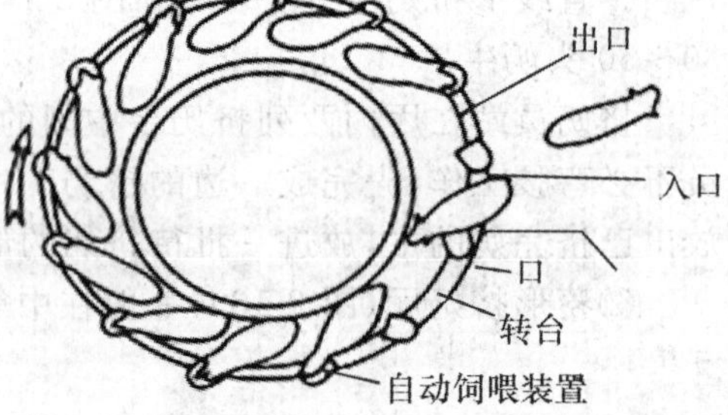

图 2-16 鱼骨式转盘挤奶厅
(邱怀,现代乳牛学,2002)

(二)肉牛舍

1.拴系式

(1)目前国内采用舍饲的肉牛舍多为拴系式,尤其高强度育肥肉牛。

(2)拴系式饲养占地面积少,节约土地,管理比较精细,牛只活动少,饲料报酬高。

(3)拴系式牛舍内部排列,与奶牛舍相似,也分为单列式、双列式和四列式三种:①单列式跨度 6.0 m,高 2.8～3.0 m。②双列式跨度 10～12 m,高 2.8～3.0 m。③每 25 头牛设一个门,其大小为(2.0～2.2) m×(2.0～2.3) m,不设门槛。④母牛床(1.8～2.0) m×(1.2～1.3) m,育成牛床(1.7～1.8) m×1.2 m。⑤送料通道宽 1.2～2.0 m,除粪通道宽 1.4～2.0 m,两端通道宽 1.2 m。⑥水泥地面最好建成粗糙的防滑地面,向排粪沟方向倾斜 1%。⑦牛床前面设固定水泥饲槽,饲槽宽 60～70 cm,槽底为 U 字形。⑧排粪沟宽 30～35 cm,深 10～15 cm,并向暗沟倾斜,通向粪池。

2. 围栏式

肉牛围栏式饲养方式投资少、便于机械化操作,适用于大规模饲养。

(1)围栏式又叫无天棚、全露天牛舍。

(2)按牛的头数,以每头繁殖牛 30 m^2、幼龄肥育牛 13 m^2 的比例加以围栏。

(3)露天围栏内一般不设棚舍或仅在采食区和休息区设凉棚。围栏内只有树木土丘等自然物或饲槽。

(三)塑料暖棚简易牛舍

北方常用的一种经济实用的单列式半封闭牛舍。北方地区冬季寒冷且时间长,风多且偏西北,所以畜舍坐北朝南,有利于保温。如图 2-17、图 2-18 所示。

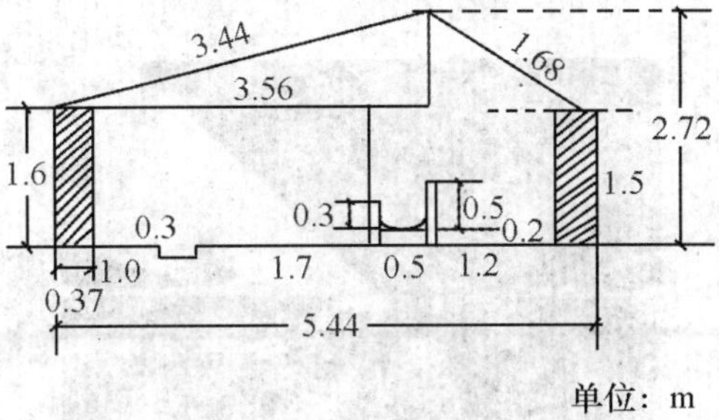

图 2-17 塑料暖棚简易牛舍示意图

图 2-18 塑料暖棚简易牛舍

(1)跨度为 5.44 m,前墙高 1.5 m,后墙高 1.6 m,房脊高 2.72 m。

(2)牛舍棚盖后坡长,要求严实不透风,后坡约占舍内面积的 70%。前坡约占牛舍面积的 30%,冬季覆盖塑料膜。三脚架支柱在食槽内侧。

(3)后墙 1 m 高处,每隔 3 m 设有一个 30 cm×50 cm 通风窗孔,棚顶每隔 5 m

有一个 50 cm×50 cm 的可开闭天窗。

(4)牛舍一端建饲养员值班室和饲料调制间,另一端设有牛出入门。

五、牛场配套设施

1. 运动场

运动场(图 2-19)一般设在牛舍南侧为好,牛可从牛舍直接进入运动场,运动场是牛休息、运动的场所。

(1)地面最好用三合土夯实或水泥混凝土地面,并有 1°～5°的坡度,靠近牛舍处稍高,东西南稍低且设有排水沟。

(2)每头牛需运动场面积为:成年牛不少于 20 m^2、育成牛和初孕牛不少于 15 m^2、犊牛不少于 8 m^2。

(3)运动场四周设围栏,栏高 1.5 m,栏柱间距离 2 m。围栏可用废钢管焊接,也可用水泥柱作栏柱,再用钢筋串联在一起。围栏门宽 2 m。

(4)运动场内应设补饲槽和自动饮水装置或饮水槽。

①补饲槽的大小、长度根据牛群大小而定,以免相互争食、争饮而打斗。

②饮水槽长 3～4 m,宽 70 cm,槽底 40 cm,槽高 60～80 cm,槽底向场外开排水孔,以便经常清洗,保持饮水清洁。

2. 凉棚

夏季炎热,为防夏季烈日曝晒及雨淋,运动场应设凉棚,一般建在运动场中间,常为四面敞开的棚舍建筑。见图 2-20。

图 2-19 运动场

图 2-20 凉棚

(1)凉棚一般东西走向。

(2)凉棚建筑面积按每头牛 3～5 m^2。高度以 3.5 m,宽 5～8 m 为宜。

(3)棚柱采用钢管、水泥柱、水泥电杆等,顶棚支架可用角铁或木架等。棚顶可用石棉瓦、水泥板、金属板、木板、油毡等材料，顶部涂上反射率高的涂料以减少太阳辐射热的吸收。

3.乳品处理间

(1)奶牛场所生产的牛乳需经过在乳品处理间初步处理方可出场。

(2)乳品处理间包括两部分，即乳品的冷却处理部分和贮藏、洗涤及器具消毒部分。

4.精料加工室

(1)规模化奶牛场应建有原料仓库和成品库，原料库房(图 2-21)一般存放牛场 3～4 个月的精料量，精料成品库能存放牛场近 1 个月的精料饲喂量。

(2)精料加工室一般采用举架较高的平房，墙面应用水泥抹 1.5 m 高，防止饲料受潮和鼠害。

5.干草棚及草库

为防止散草影响牛舍环境美观，又要达到防火安全。尽可能地将干草棚(图 2-22)及草库(图 2-23)设在下风向地段，与周围房舍至少保持 50 m 以上距离，单独建造。

图 2-21　原料库房

图 2-22　干草棚

6.青贮窖或青贮池

(1)一般 1 m^3 青贮窖容积可贮青玉米 600～800 kg。

(2)青贮窖或青贮池建筑位置应适中，地势较高，防止粪尿等污水浸入污染，同时要考虑出料时运输方便，减小劳动强度(建造选址原则同饲料库)。

7.人工授精室

(1)人工授精室包括采精及输精室、精液处理室、器具洗涤消毒室。

(2)采精及输精室应卫生、光线充足。

(3)精液处理室的建筑结构应有利于保温隔热，并与消毒室药房分开，以防影响精子的活力。

8. 消毒池(图 2-24)

一般设在牛场或生产区入口处，便于人员和车辆通过时消毒。常用钢筋水泥筑成。

(1)供人员通行的消毒池长 2.5 m、宽 1.5 m、深 0.05 m。

(2)供车辆通行的消毒池长 4 m、宽 3 m、深 0.1 m。

(3)消毒液要保证经常有效。

(4)人员往来在场门两侧应设有紫外线消毒走廊。

图 2-23 草库

图 2-24 牛场门口消毒池

9. 兽医室、病牛舍

(1)为便于隔离，减少空气和水的污染传播，兽医室、病牛舍应设在牛场下风向，而且相对偏僻一角。

(2)兽医室要求地面平整，易于清洁消毒。大小根据实际情况灵活设计，病牛隔离室可按牛场存栏量的 2%～5%设计。

10. 贮粪场和污水池

(1)一般设在牛舍的北面，离牛舍有一定的距离，且方便出粪，方便运输和排放。

(2)大小应根据每天平均排出粪尿和污水量而定。一般成年牛 70～120 kg，育成牛 50～60 kg，犊牛 30～50 kg。

(3)粪场面积约 500 m^2，三面有 1 m 高的砖墙或石墙。

(4)贮尿污水池要有 1 000 m^3，最好是筑塘贮污水，可利用来灌、淋作物，过多时也可排放。

11. 化粪池

在饲料地边建有发酵处理牛粪的化粪池(图 2-25)，把腐熟的牛粪及时施入农田增强土地肥力，实现种养结合，走生态养殖的道路。

12. 牛场绿化

绿化是整个牛场建设的一部分。场内绿化应把遮阳、改善小气候和美化环境结合起来考虑，应有统一的计划和方案。见图2-26。

(1)在牛舍、运动场四周以种植树干和树冠高大的乔木为主。

(2)牛场的主要道路两旁可种植乔木或灌木与花草结合起来。

(3)其他边角地及可以栽种场地，可种植各种常绿灌木花草，来美化环境。

图2-25　化粪池

图2-26　牛场绿化示意图

任务二　牛场的环境控制

一、牛场的环境要求

规模化养牛生产不但需要科学的管理和全价、优质的日粮，还需要适宜的环境条件。见图2-27。牛场气候环境，称为“小气候”，有别于其他地区的气候。影响小气候的因素很多，其中，影响最大的是气温、空气湿度、气流速度、光照以及有害气体等。

图2-27　牛舍环境

1. 温度

(1)在一定的温度范围内，牛的代谢作用与体热产生处于最低限度时，这个温度范围称为“等热区”。

(2)奶牛的等热区为10～16℃，在等热区内，对奶牛饲养有利。

奶牛舍内最适宜的温度见表2-4。

表2-4 奶牛舍内最适宜和最高、最低温度 ℃

舍别	最适宜	最低	最高
成母牛舍	9～17	2～6	25～27
犊牛舍	6～8	4	25～27
产舍	15	10～12	25～27
哺乳犊牛舍	12～15	3～6	25～27

2.湿度

(1)奶牛舍内的空气湿度不宜超过85%。

(2)空气湿度在55%～85%时，对牛体的直接影响不太显著。

(3)空气湿度高于90%则对奶牛危害较大。

(4)空气湿度对奶牛机能的影响，主要通过水分蒸发影响牛体热的散发，一般是湿度愈大，体温调节范围愈小。

(5)在高温或低温时，湿度升高加剧了奶牛对产奶量的影响。高温、高湿的环境会影响牛体表水分的蒸发，从而使牛体热不易散发，导致体温升高。低温、低湿的环境又会使牛体散发热量过多，引起体温下降。

(6)为避免湿度过大，冬季牛舍应打开排气孔。

(7)夏季炎热时应注意保持相应的湿度，防止湿度下降快，造成牛热应激。

3.气流

(1)气流主要作用是散热。

(2)对流散热是借助奶牛身体周围气流的流动来实现。在一定范围内，对流速度越快，牛体散热越多。

(3)在高温或低温情况下，风速对产奶量影响非常明显。

4.有害气体

(1)规模化养牛生产中，牛舍内有害气体为氨、二氧化碳和硫化氢等。

(2)有害气体主要来自呼吸、排泄和生产中的有机物分解。

(3)氨的浓度达到50 g/m³时，对奶牛生产性能有影响。

(4)硫化氢浓度最大允许量不应超过10 g/m³。

(5)一氧化碳浓度应低于0.8 g/m³。

(6)硫化氢和一氧化碳浓度过高对奶牛产生较大危害，同时也影响人的健康。

(7)二氧化碳浓度常作为卫生评定的一项间接指标，虽然二氧化碳不会引起奶牛中毒，但二氧化碳浓度能表明奶牛舍空气的污浊程度。

二、牛场的环境控制措施

1. 土地还原法

(1)牛粪尿无害处理以牛粪还田为主。

(2)牛粪尿经土壤、水和大气等物理、化学及生物形式的分解、稀释和扩散，逐渐得以净化。

(3)牛粪尿通过微生物、动植物的同化作用和异化作用，又重新形成动、植物的糖类、蛋白质和脂肪等，从而再度变为饲料。

2. 发酵法

(1)牛场的粪尿利用沼气池或沼气罐厌氧发酵，1 m^3 牛粪尿可产生多达 1.32 m^3 沼气(采用发酵罐)，1 000 头奶牛粪尿产生的沼气可供应 1 400 户职工烧菜做饭，节约生活用煤 1 000 多 t。

(2)粪尿经厌氧发酵后的沼渣含有丰富的氮、磷、钾及维生素，是种植业的优质有机肥。

(3)沼液可用于养鱼或用于牧草灌溉等。

将奶牛粪尿进行厌氧发酵处理，不仅可以获得生物能源沼气，而且净化了环境，同时通过发酵后的沼渣、沼液把养殖业、种植业有机结合起来，形成一个多次利用、多层增值的生态循环系统，目前世界许多国家广泛采用发酵法处理牛场粪尿(图 2-28)。

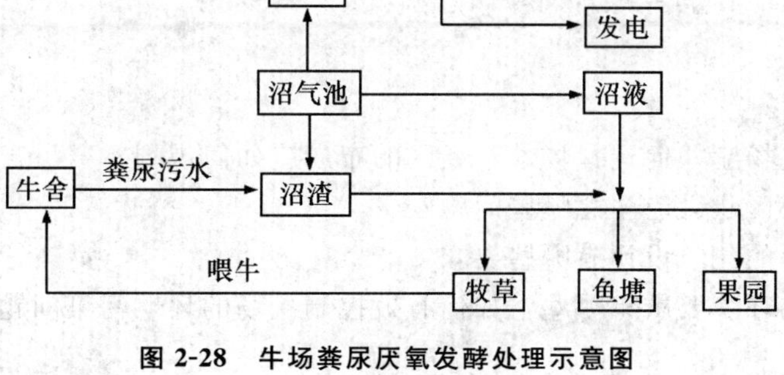

图 2-28 牛场粪尿厌氧发酵处理示意图

3.人工湿地处理

(1)人工湿地通常有水生植物、微生物和基质3个因素构成。

(2)人工湿地上种有水生植物(水葫芦、细绿萍)。水葫芦在高浓度的有机粪水中经7～8 d吸收净化,有机物质可降低82.2%,有效态氮降低52.4%,有效磷降低51.3%。

(3)水生植物根系吸附的微生物以污水中有机物质为食物而生存,它们排泄的物质又成为水生植物的养料。

(4)水生动物、菌藻以及水生植物再作为鱼的饲料。

这样通过微生物、水生植物及鱼的共生互利作用,使污水得以净化(图2-29)。

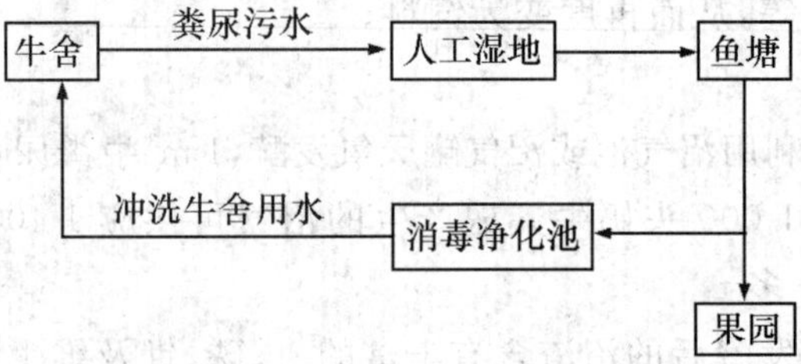

图2-29 牛场污水人工湿地处理示意图

4.生态工程处理

(1)通过分离器或池将固体厩肥与液体厩肥分离。

(2)固体厩肥作为有机肥还田或作为食用菌(蘑菇)培养基。

(3)液态厩肥进入沼气厌氧发酵池。

通过微生物→植物→动物→菌藻的多层生态净化系统,使污水污物得以净化。

净化后的水达到国家排放标准,可直接回收用于冲刷牛舍。也可排放到江河,回归自然。牛场的污物还可以通过干燥处理,粪便饲料化应用以及营养调控等措施进行控制。

思考讨论

1.建设牛场应如何选择场址?场区的布局应如何规划?

2.养牛小区建设应注意哪些问题?

3.奶牛舍的建筑设计有哪些要求?

4.牛场的环境要求有哪些?如何有效控制牛场的环境污染问题?

项目三　奶牛饲养管理

【能力目标】

能基本掌握挤奶方法与挤奶技术。能准确进行奶牛生产性能的评定。能熟练掌握奶牛各阶段的饲养管理技术。

【知识目标】

了解 TMR 饲喂技术。熟悉奶牛生产及影响奶牛生产性能的因素。掌握奶牛各阶段的生理特点及各阶段的饲养管理工作要点。

【重点和难点】

重点:犊牛的饲养管理。育成牛的饲养管理。初孕牛的饲养管理。成年奶牛的饲养管理。高产奶牛的饲养管理。

难点:各时期奶牛的饲养管理。

【项目说明】

项目概述:奶牛业是我国畜牧业的重要组成部分,近年来得到了快速发展,但与奶牛业发达国家相比还有很大的差距。因此,我们一定要加强现代奶牛饲养管理新技术的学习与推广,从而为加快我国畜牧业产业结构调整做出更大的贡献。

项目载体:犊牛、育成牛、初孕牛、成年奶牛、高产奶牛、牛舍、检验室、设备、场内实训室(配有多媒体)、各阶段种牛饲料。

技术流程:

犊牛的饲养→育成牛的饲养→初孕牛的饲养→成年奶牛的饲养→高产奶牛的饲养→奶牛全混合日粮→挤奶

项目开展的依据：

任务	工作依据及资讯	工作页
3-1　犊牛的饲养管理	犊牛的饲养管理标准	3-1
3-2　育成牛的饲养管理	育成牛的饲养管理的原则	3-2
3-3　初孕牛的饲养管理	初孕牛的饲养管理方法	3-3
3-4　成年奶牛的饲养管理	成年奶牛的饲养管理要求	3-4
3-5　高产奶牛的饲养管理	高产奶牛的饲养管理要求	3-5
3-6　奶牛全混合日粮	奶牛全混合日粮要求	3-6
3-7　挤奶	挤奶方法	3-7

任务一　犊牛的饲养管理

犊牛一般是指从初生到6月龄的牛。

犊牛对饲养管理的要求较高。

初生犊牛主要依靠母牛初乳中的免疫球蛋白来抵御疾病的侵袭，自身的免疫机制发育还不够完善，对疾病的抵抗能力较差。

瘤胃和网胃结构还不完善，发育还差，微生物区系还未建立，消化主要靠皱胃和小肠。

一、新生犊牛的护理

（一）清除黏液

犊牛产出后立即清除口腔及鼻孔内的黏液。避免犊牛将黏液吸入气管及肺内或者黏液妨碍犊牛的正常呼吸。

如果出现意外情况，进行如下操作：

(1)犊牛已将黏液吸入肺中，造成呼吸困难。可两人合作，倒提犊牛，拍打其背部，使黏液排出。

(2)犊牛有心跳无呼吸，可在消除犊牛鼻孔和口腔黏液后将犊牛在地面摆成仰卧姿势，头侧转，按每6～8 s一次按压与放松犊牛胸部进行人工呼吸，直至犊牛自主呼吸为主。

（二）脐带消毒

清除犊牛鼻孔及口腔黏液后，如其脐带尚未自然扯断，应进行人工断脐。

(1)在离犊牛腹部 8～10 cm 处，两手卡紧脐带，往复揉搓 2～3 min。

(2)剪刀消毒，在揉搓处的远端将脐带剪断。

(3)挤出脐带中黏液，并将脐带的残部放入 5%的碘酒中浸泡 1～2 min。

(三)擦干被毛及去软蹄

(1)断脐后，应尽快擦干犊牛身上的被毛，以免犊牛受凉。

(2)也可以让母牛自己舔干犊牛身上的被毛。可以促进母牛子宫收缩，及早排出胎衣。刺激犊牛呼吸，加强血液循环。缺点是会造成母牛恋仔，导致挤奶困难。

(3)而后去掉犊牛软蹄。

(四)隔离

犊牛出生后，应将新生犊牛放养在干燥、避风的单独犊牛笼内饲养，尽快将犊牛与母牛隔离，以免母牛认犊之后不利于挤奶。

(五)及时哺喂初乳

初乳是指母牛产后 7 d 内所分泌的乳。

1.初乳的饲喂时间

第一次初乳应在犊牛出生后约 30 min 内喂给，最迟不宜超过 1 h。

2.初乳的饲喂量及饲喂方法

(1)根据初生犊牛的体重大小及健康状况，确定初乳的喂量。

(2)第一次饲喂初乳喂量一般为 1.5～2 kg，约占体重的 5%，不能太多，否则会引起犊牛消化紊乱。

(3)第二次饲喂初乳的时间一般在出生后 6～9 h。

(4)初乳日喂 3～4 次，每天喂量一般不超过体重的 8%～10%，饲喂 4～5 d；然后，逐步改为饲喂常乳，日喂 3 次。

(5)初乳最好即挤即喂，以保持乳温。适宜的初乳温度为 38℃左右。如果饲喂冷冻保存的初乳或已经降温的初乳，应加热到 38℃左右再饲喂。初乳的温度过低会引起犊牛胃肠消化机能紊乱，导致腹泻。初乳加热最好采用水浴加热，加热温度不能过高。过高的初乳温度除会使初乳中的免疫球蛋白变性失去作用外，还容易使犊牛患口腔炎、胃肠炎。

(6)饲喂发酵初乳时，在初乳中加入少量小苏打(碳酸氢钠)，可提高犊牛对初乳中抗体的吸收率。

(7)犊牛每次哺乳 1～2 h 后，应给予 35～38℃的温开水一次。

(8)初乳的哺喂方法主要有桶式哺乳法和哺乳壶哺乳法。①哺乳壶哺乳法：要求奶嘴质量要好，固定结实，防止犊牛撕破或扯下。哺乳时，要尽量让犊牛自己吮吸，避免强灌。②桶式哺乳法：采用奶桶哺乳时，奶桶应固定结实。第一次饲喂时，通常一手持桶，用另一手食指和中指蘸乳放入犊牛口中使其吮吸，慢慢抬高桶，使犊牛嘴紧贴牛乳吮吸。习惯后，将手指从犊牛口中拔出，犊牛即会自行吮吸。如果不行可重复数次，直至犊牛可自行吮吸为止。

（六）特殊情况的处理

(1)犊牛出生后如其母亲死亡或母牛患乳房炎，使犊牛无法吃到其母亲的初乳，可用其他产犊时间基本相同健康母牛的初乳。

(2)如果没有产犊时间基本相同的母牛，也可用人工初乳代替。人工初乳推荐配方见表3-1。

(3)人工初乳，饲喂前应充分搅拌，加热至38℃饲喂。

(4)最初1～2 d犊牛每天第一次喂奶后罐服液状石蜡或蓖麻油30～50 mL，以促其排净胎粪，胎粪排净后停喂。

(5)5～7 d后停喂维生素A，从第5天起抗生素添加量减半，到15～20 d时停用。

表3-1 人工初乳推荐配方

成分	数量
鲜牛奶/kg	1
鱼肝油/mL	3～5
新鲜鸡蛋/个	2～3
土霉素或金霉素/mg	40～45

二、犊牛的饲养管理

（一）哺乳期犊牛的饲养管理

1.哺乳期犊牛的饲养

(1)哺乳期犊牛饲料：①常乳期内犊牛可以一直饲喂常乳。②现代化的牛场多采用代乳品代替部分或全部常乳。以降低成本，特别是对用于育肥的奶公犊，普遍采用代乳品代替常乳饲喂。③饲喂天然初乳或人工初乳的犊牛在初生期的后期即可开始用常乳或代乳品逐步替代初乳。④4～7 d即可开始补饲优质青干草，7～10 d可开始补饲精饲料，20 d以后可开始饲喂优质青绿多汁饲料。⑤在更换乳品时，要有4～5 d的过渡期。⑥补饲时，要由少到多。⑦对于体质较弱的犊牛，应饲喂一段时间的常乳后再饲喂代乳品。

(2)哺乳期及哺乳量：犊牛哺乳期的长短和哺乳量因培育方向及饲养条件不同而不同。①传统的哺喂方案是采用高奶量，哺喂期为5～6月龄，哺乳量达到600～800 kg。实践证明，过多的哺乳量和过长的哺喂期，虽然犊牛增重较快，但对犊牛的消化器官发育不利，而且加大了犊牛培育成本。②目前许多奶牛场已在逐渐减少哺乳量，缩短哺乳期。一般全期哺乳量300 kg左右，哺乳期2个月左右。③标准化规模化的奶牛场，哺乳期为 45～60 d，哺乳量为 200～250 kg。④常乳喂量1～4 周龄约为体重的 10%，5～6 周龄约为体重的 10%～12%，7～8 周龄约为体重的 8%～10%，8 周龄后逐步减少喂量，直至断奶。⑤对采用 4～6 周龄早期断奶的母犊，断奶前喂量为体重的 10%。⑥如果使用代乳品，则喂量应根据产品标签说明确定。一般不提倡养牛户自己配制，而应购买质量可靠厂家生产的代乳品。

(3)饲喂方法：饲料饲喂牛乳和代乳品时，必须做到“四定”即定质、定时、定温、定人。①定质是要求必须保证常乳和代乳品的质量，变质的乳品会导致犊牛腹泻或中毒。②定时是要使喂乳时间相对固定，同时两次饲喂应保持一个合适的时间间隔。哺乳期一般日喂 2 次，间隔 8 h。代乳品的使用时期可以与全乳一样，在犊牛喂完初乳即可使用，每日等量喂给 2 次。③定温是要保证饲喂的乳品的温度，牛乳的饲喂温度以及加温方法应和初乳饲喂时一样。④定人是为了减少应激和意外发生。

(4)早期补料：早期补料不但可以促进瘤胃的早期发育，而且还可以提高犊牛断奶重和断奶后的增重速度，降低饲养成本。此外，早期补料还是早期断奶的前提。补饲的干草应以优质豆科和禾本科牧草为主。补饲的精饲料一定要保证适口性好、营养均衡、易消化，这是早期断奶成功的关键。

早期补饲干草的时间可以提早到出生后 4～7 d。7～10 d 可以补饲精饲料。20 d 以后可开始饲喂优质青绿多汁饲料。干草补饲时可直接饲喂。精饲料补饲时必须先进行调教。方法是：①将精饲料用温水调制成糊状，加入少量牛奶、糖蜜或其他适口性好的饲料，在犊牛鼻镜、嘴唇上涂抹少量，或直接将少量精饲料放入奶桶底使其自然舔食。②3～5 d 犊牛适应采食后，即可在犊牛旁边设置料盘，将精饲料放入任其舔食。③开始每天给 10～20 g，以后逐渐增加喂量。④对采用 60 d 左右断奶的犊牛，到 30 d 时每天精饲料采食量应达到 0.5 kg 左右，60 日龄时达到1 kg 以上。⑤对采用 30～45 d 断奶的犊牛，断奶前每天精饲料应达到 0.7 kg 以上。

精饲料参考配方见表 3-2。

表 3-2　精饲料参考配方

成分	含量	成分	含量
玉米/%	50～55	食盐/%	1
豆饼/%	25～30	矿物质元素/%	1
麸皮/%	10～15	碳酸氢钙/%	1～2
糖蜜/%	3～5	维生素 A/(μg/kg)	1 320
酵母粉/%	2～3	维生素 D/(μg/kg)	174

注：适量添加 B 族维生素、抗生素(新霉素、金霉素、土霉素等)、驱虫药。

(5)早期断奶

早期断奶的目的:①节约乳品,降低犊牛培育成本,增加犊牛的后期增重。②促进成年奶牛的提早发情,改善母牛繁殖率和健康状况。传统的犊牛哺乳时间一般为6个月,喂奶量800 kg以上。随着科学研究的进步,人们发现缩短哺乳期不会对母犊产生不利影响。

早期断奶的措施:①早期断奶的时间需要根据饲养者的技术水平、犊牛的体状和补饲饲料的质量确定。不宜采用一刀切的办法。②当前在我国饲养水平下,采用总喂乳量250～300 kg,60 d断奶比较合适。③对我国少数饲养水平高、饲料条件好的奶牛场,可采用30～45 d断奶,喂乳量在100 kg以内。④国外犊牛早期断奶的哺乳期目前大多控制在3～6周,以4周居多,也有喂完7 d初乳就进行断奶的报道。

2.哺乳期犊牛的管理

(1)编号、称重和记录　犊牛出生后应进行称重和记录,同时进行编号,并详细记录其系谱、出生日期、外貌特征等,有条件时可拍照记录外貌特征。①对犊牛进行编号,目前国内广泛采用的是塑料耳标法,即在打耳号前先用不褪色的记号笔或打号器在耳标上打上号码,再用耳标钳将写上号码的耳标固定在犊牛的耳朵上。②号码一般按照出生年月和出生头数编写,如2006年5月出生的第8头牛,可以编为060508,或者按标准规定编写。③一般是在出生后7～10 d进行。

(2)卫生　犊牛培育时的卫生工作,是一项比较细致而又十分重要的工作,与犊牛的生长发育、发病和死亡关系极大。①犊牛用具、饲槽、草料和犊牛自身都要保持清洁卫生,草料要少喂勤添。②每天要刷拭牛体一次,保持犊牛身体洁净。以确保犊牛的健康成长。③喂奶用具(如奶壶和奶桶),每次用后都要严格进行清洗消毒。其程序为:冷水冲洗→碱性洗涤剂擦洗→温水漂洗干净→晾干→使用前用85℃以上热水或蒸气消毒。④饲料要少喂勤添,保证饲料新鲜、卫生。⑤每次喂奶完毕,用干净毛巾将犊牛嘴缘的残留乳汁擦干净,并继续在颈枷上挟住约15 min后再放开,以防止犊牛之间相互吮吸,造成舔癖。⑥犊牛舍应保持清洁、干燥、空气流通。见图3-1。

图 3-1　犊牛舍

(3)饮水　牛奶中虽含有较多的水分,但犊牛每天饮奶量有限,从奶中获得的水分不能满足正常代谢的需要。①从1周龄开始,可用加有适量牛奶的35～37℃温开水诱其饮水。②10～15 d 后可直接喂饮常温开水。③1 个月后由于采食植物性饲料量增加，饮水量愈来愈多，这时可在运动场内设置饮水池，任其自由饮用，但水温不宜低于 15℃。④冬季应喂给 30℃左右的温水。

(4)运动　①犊牛出生后 8～10 d，即可在运动场作适当运动(阴冷天气除外)。②最初每天不超过 1 h。③随着日龄的增加逐步延长运动时间，直至自由运动。

(5)去角　为了便于成年后的管理，减少牛体因用角争斗而受伤。因此，应提倡给母犊去角。①去角的最佳时间为出生后 7～14 d。此时去角对牛造成的应激最小。去角常用的方法有加热法和药物法两种。②加热法去角：a. 此法适于 3～5 周龄稍大的犊牛。b. 用烧红的烙铁或加热到 480℃特制电去角器处理角基，使整个角基充分接触烙铁或去角器大约 10 s。通过高温杀死角基细胞，使角失去继续生长能力。③药物法去角：此法适于生后 7～14 d 的犊牛。采用药物处理角基的方法，常用药物为棒状苛性钠(氢氧化钠)或苛性钾(氢氧化钾)，一般化学药品店都有销售。具体方法是：a. 先将牛角基部周围的毛剪掉，均匀涂抹上凡士林。b. 手持一端用布或纸包裹的药棒在角根周围轻轻摩擦，直至出血为止，1～2 周该处形成的结痂便会脱落，不再长角。c. 此方法使用时注意的事项：一是防止药物流入犊牛眼中灼伤犊牛。涂抹凡士林时，一定要保证涂遍牛角四周。去角操作结束后，最初几天将犊牛单独饲养，同时避免水接触到角周围。二是防止灼伤操作员。药棒的手持端一定要用布或纸包好，操作时注意手不要接触药品。三是药棒摩擦时，要保证处理到整个角基周围。如果涂抹不全，角仍会长出。

(6)去副乳头　乳房有副乳头时不利于乳房清洗，容易发生乳房炎。因此，在犊牛阶段应剪除副乳头。①剪除副乳头的最佳时间是 2～6 周龄，尽量避开夏季。②如果乳头过小，不能区分副乳头和正常乳头，可推迟直至能够区分时再进行。③剪除方法是：先清洗、消毒乳房周围部位→轻轻下拉副乳头→用锐利的剪刀(最好用弯剪)沿着基部剪掉副乳头→伤口用 2%碘酒消毒或涂抹少许消炎药→有蚊蝇的季节可涂抹少许驱蝇剂。

(7)预防疾病　犊牛是牛发病率较高的时期，尤其是在生后的头几周。主要原因是犊牛抗病力较差，此期的主要疾病是犊牛肺炎和下痢。

(二)断奶期犊牛的饲养管理

断奶期是指母犊从断奶至 6 月龄之间的时期。

(1)断奶期犊牛的特点　①断奶后，犊牛要完成从依靠乳品和植物性饲料到完全依靠植物性饲料的转变，瘤网胃继续快速发育。②到 6 月龄时瘤网胃体积已经占到总胃容量的 75%(成年牛的比例为 85%)。③各种瘤胃微生物的活动也日趋活跃，消化、利用粗饲料的能力逐步完善。

(2)断奶期犊牛的饲养　断奶后，犊牛继续饲喂断奶前精、粗饲料。随着月龄的增长，逐渐增加精饲料喂量。①至 3～4 月龄时，精饲料喂量增加到每天 1.5～2.0 kg。②如果粗饲料质量差，犊牛增重慢，可将精饲料喂量提高到 2.5 kg 左右。③选择优质干草、苜蓿供犊牛自由采食。④4 月龄前，尽量少喂或不喂青绿多汁饲料和青贮饲料。⑤3～4 月龄以后，可改为饲喂育成牛精饲料。⑥母犊生长速度以日增重 0.65 kg 以上、4 月龄体重 110 kg、6 月龄体重 170 kg 以上比较理想。⑦很多犊牛断奶后 1～2 周内日增重较低，同时表现出消瘦、被毛凌乱、没有光泽等症状。这是犊牛的前胃机能和微生物区系正在建立，尚未发育完善的缘故，随着犊牛料采食量的增加，上述现象很快就会消失。⑧精饲料的营养浓度要高，养分要全面、均衡。喂量不能提高，要保证日粮中中性洗涤纤维含量不低于 30%。

(3)断奶期犊牛的管理　断奶后的犊牛，除刚断奶时需要特别精心的管理外，以后随着犊牛的长大对管理的要求相对降低。①犊牛断奶后应进行小群饲养，将月龄和体重相近的犊牛分为一群，每群 10～15 头。②犊牛一般采取散放饲养，自由采食，自由饮水，但应保证饮水和饲料的新鲜、清洁卫生。③注意保持牛舍清洁、干燥，定期消毒。④每天保证犊牛不少于 2 h 的户外运动。⑤每月称重，并做好记录，对生长发育缓慢的犊牛要找出原因。同时，定期测定体尺，根据体尺和体重来评定犊牛生长发育的好坏。目前已有研究认为，体高比体重对后备母牛初次产奶量的影响更大。荷斯坦母犊 3 月龄的理想体高为 92 cm，体况评分 2.2 以上；6 月龄理想体高为 102～105 cm，胸围 124 cm，体况评分 2.3 以上，体重 170 kg 左右。

任务二　育成牛的饲养管理

育成牛是指从 7 月龄至配种前(一般为 14～16 月龄)的牛。

一、育成母牛的饲养

(1)育成母牛的性器官和第二性征发育很快，至 12 月龄已经达到性成熟。

(2)消化系统特别是瘤网胃的体积迅速增大，到配种前瘤网胃容积比 6 月龄增大一倍多，瘤网胃占总胃容积的比例接近成年。

因此，既要保证饲料有足够的营养物质，以获得较高的日增重；又要具有一定的容积，以促进瘤网胃的发育。

(一)7～12 月龄牛的饲养

(1)此期除供给优质牧草和青绿饲料外，还必须适当补充精料。

(2)精饲料的喂量主要根据粗饲料的质量确定:①日粮中75%的干物质应来源于青粗饲料或青干草,25%来源于精饲料,日增重应达到0.7～0.8 kg。②中国荷斯坦牛12月龄理想体重为300 kg,体高115～120 cm,胸围158 cm。③在性成熟期的饲养应注意两点:一是控制饲料中能量饲料的含量。如果能量过高会导致母牛过肥,大量的脂肪沉积于乳房中,影响乳腺组织发育和日后的泌乳量。二是控制饲料中低质粗饲料的用量。防止形成"草腹"。精饲料参考配方见表3-3。

表3-3　精饲料参考配方　%

成分	含量	成分	含量
玉米	48	食盐	1
豆粕(饼)	25	碳酸氢钙	1
棉粕(饼)	10	石粉	1
麸皮	10	添加剂	2
饲用酵母	2		

(二)12月龄至初次配种期间的饲养

(1)此阶段育成母牛没有妊娠和产奶负担,而利用粗饲料的能力大大提高。因此,只提供优质青、粗饲料基本能满足其营养需要,少量补饲精饲料。

(2)此期饲养的要点是保证适度的营养供给:①营养过高会导致母牛配种时体况过肥,易造成不孕或以后的难产。②营养过差会使母牛生长发育抑制,发情延迟,15～16月龄无法达到配种体重,从而影响配种时间。③配种前,中国荷斯坦牛的理想体重为350～400 kg(成年体重的70%左右),体高122～126 cm,胸围148～152 cm。

此期精饲料参考配方见表3-4。

表3-4　12月龄至初次配种的精饲料参考配方　%

成分	含量	成分	含量
玉米	48	食盐	1
豆粕(饼)	15	碳酸氢钙	1
棉粕(饼)	5	石粉	1
麸皮	22	添加剂	2
饲用酵母	5		

注:在整个育成期都应保证清洁、卫生的饮水,供育成母牛自由饮用。

二、育成母牛的管理

1.适时分群

育成牛每群牛月龄差异不超过 3 个月,以 40～50 头组成一群。

2.运动和刷拭

(1)舍饲时,平均每头牛占用运动场的面积应在 15 m^2 左右,每天运动不少于 2 h。

(2)育成母牛采用散养,除恶劣天气外,可终日在运动场自由活动。

(3)在运动场设食槽和水槽,供母牛自由采食青粗饲料和饮水。

(4)育成母牛每天刷拭 1～2 次,每次不少于 5 min。

3.适时修蹄

从 10 月龄开始,每年春、秋季节应各修蹄一次,以保证牛蹄的健康。因为育成母牛生长速度快,蹄质较软,易磨损。

4.按摩乳房

(1)育成母牛在 12 月龄以后即可每天进行一次乳房按摩。

(2)按摩时,用热毛巾轻轻揉擦,避免用力过猛。

乳房按摩可促进乳腺的发育和产后泌乳量的提高。

5.称重和测定体尺

育成母牛应每月称重,并测量 12 月龄、16 月龄的体尺,详细记入档案,作为评判育成母牛生长发育状况的依据。一旦发现异常,应及时查明原因,并采取相应措施进行调整。

6.适时配种

适时配种对于延长母牛利用年限,增加泌乳量和经济效益非常重要。育成母牛的适宜配种年龄应依据发育情况而定。

(1)荷斯坦牛 14～16 月龄体重达到 350～400 kg。

(2)娟姗牛体重达 260～270 kg 时,即可进行配种。

荷斯坦牛的性成熟时间是由其身材大小和体重决定的,而不是年龄。这是美国康乃尔大学研究结果。这说明丰富饲养对早期配种的重要性。因此,此期的核心工作是如何保证丰富饲养,使 14 月龄的育成牛体重可达到 350 kg 以上。

任务三　初孕牛的饲养管理

初孕牛,又称青年牛,是指妊娠后到初次产犊前的母牛。

一、初孕牛饲养关键点

一是应考虑其自身生长发育所需的营养。由于这个阶段的初孕牛自身还处于生长发育阶段。

二是要注意防止母牛过分肥胖，而导致难产及产后综合征的发生。因此，为做好分娩准备，初孕牛应保持中等以上体况。

二、初孕牛的饲养管理

(一)初孕牛必须加强护理

最好根据配种受孕情况，将妊娠天数相近的母牛编入一群。

(1)母牛配种后，对不发情的牛应在配种后 20～30 d 和 90 d 进行早期妊娠检查，以确定其是否妊娠。

(2)检查最常用的方法为直肠检查法或 B 超检查，技术熟练的人员通过这两次检查即可确定母牛是否妊娠。

(3)对于配种后又出现发情的母牛，应仔细进行检查，以确定是否是假发情，防止误配导致流产。

(4)确诊妊娠后，要特别注意母牛的安全，重点做好保胎工作，预防流产或早产。

(5)初产母牛往往不如经产母牛温顺，在管理上必须特别耐心，应通过每天刷拭、按摩等与之接触，使其养成温顺的性格。

(二)初孕牛运动、卫生、饮水

(1)每日运动 1～2 h，但应避免驱赶运动，防止流产。有放牧条件的也可进行放牧，但要比育成牛的放牧时间短。

(2)初孕牛牛舍及运动场，必须保持卫生，供给足够的饮水，最好设置自动饮水装置。

(三)分娩前 2 个月初孕牛管理

应转入成年牛舍与干乳牛一样进行饲养。

(1)妊娠后期初产母牛的乳腺组织处于快速发育阶段，应增加每天乳房按摩的次数，一般每天 2 次，每次 5 min，至产前 15 d 停止。

(2)这个时期，切忌擦拭乳头，以免擦去乳头周围的蜡状保护物，引起乳头龟裂；或因擦掉“乳头塞”而使病原菌从乳头孔侵入，导致乳房炎和产后乳头坏死。

(3)同时饲养人员要加强对它的护理与调教，如定时梳刷，定时按摩乳房等，以使其能适应分娩投产后的管理。

(四)分娩前30 d的管理

(1)初孕牛可在饲养标准的基础上适当增加饲料喂量,但谷物的喂量不得超过体重的1%。

(2)日粮中还应增加维生素、钙、磷及其他微量元素,以保证胎儿的正常发育。

(五)初孕牛在临产前2周的管理

(1)应转入产房饲养,产房要预先做好消毒。

(2)预产期前2～3 d再次对产房进行清理消毒。

(3)初产母牛难产率较高,要提前准备齐全助产器械,洗净消毒,做好助产和接产准备。其饲养管理与成年牛围产期相同。

任务四　成年奶牛的饲养管理

成年奶牛的饲养管理是影响奶牛产奶量和奶成分的最大因素。根据中华人民共和国专业标准《高产奶牛饲养管理规范》(简称规范)规定,成年奶牛划分为以下5个阶段:即干乳期、围产期、泌乳盛期、泌乳中期和泌乳后期。

一、成年奶牛一般饲养管理技术

正确的饲养管理是维护奶牛健康,发挥泌乳潜力,保持正常繁殖机能的最基本工作。虽然在不同阶段有不同的饲养管理重点,但有许多基本的饲养管理技术在整个饲养期都应该遵守执行。

(一)合理确定日粮

1.保持合理的精粗比例

根据瘤胃的生理特点,保证日粮中各种养分的比例均衡,能满足奶牛的维持和泌乳需要。

(1)以干物质计算精粗饲料的比例大致保持1∶1比较理想。

(2)切忌大量使用精饲料催奶。青绿、多汁饲料由于体积较大,其喂量应有一定的限度。

2.选择合适的饲料原料

(1)奶牛喜食青绿、多汁饲料和精饲料,其次为青干草和低水分青贮饲料,对低质秸秆等饲料的采食性差。

(2)以秸秆为主要粗饲料的日粮中,应将秸秆用揉搓机揉成丝状,然后与精饲料或切碎的青绿、多汁饲料混合饲喂。

3.保持饲料的新鲜和洁净

(1)奶牛习性喜欢新鲜饲料,对受到唾液污染的饲料经常拒绝采食。

(2)饲喂日粮时,应尽量采用少喂勤添的饲喂方法,以使奶牛保持良好的采食量,同时,可有效减少饲料浪费。

(3)在饲料原料的收割、加工过程中,避免将铁丝、玻璃、石块、塑料等异物混入。

(二)定时、定量饲喂

(1)定时饲喂会使奶牛消化腺体的分泌形成固定规律,有利于提高饲料的利用率。

(2)饲喂次数有利于增加生产力的提高,但饲喂次数增加会加大劳动强度和工作量。

①国内养殖场普遍采用日喂 3 次,部分养殖场采用日喂 2 次。

②对高产奶牛最好采用日喂 3 次,产奶量低于 4 000 kg 的奶牛可采用日喂 2 次。

③生产中应尽量使 2 次饲喂的时间间隔相近。

(3)比较理想的方法是精饲料定时饲喂,粗饲料自由采食;或采用全混合日粮定时饲喂。

(三)合理的饲喂顺序

(1)对于没有采用全混合日粮饲喂的奶牛场,应确定合理的精粗饲料饲喂次序。

(2)从营养生理的角度考虑,较理想的饲喂次序是:粗饲料→精饲料→块根类多汁饲料→粗饲料。采用这种饲喂次序有助于促进唾液分泌,使精粗饲料充分混匀,增大饲料与瘤胃微生物的接触面,保持瘤胃内环境稳定,增加粗饲料的采食量,提高饲料利用率。

(3)在大量使用青绿饲料的夏天,由于奶牛食欲较差,为了保证足量的养分摄入,应采用先精后粗的饲喂方法。

(4)为了提高生产效率,保证奶牛的营养需要,现代化的奶牛场多采用挤奶时饲喂精饲料,挤完奶后饲喂粗饲料的方法。

(5)在大量使用青贮饲料的牛场,多采用先饲喂青贮,然后饲喂精饲料,最后饲喂优质牧草的方法。

(6)奶牛的饲喂次序一旦确定后要尽量保持不变,否则会打乱奶牛采食饲料的正常生理反应。

(四)充足、清洁、优质的饮水

水是奶牛最重要的营养物质。水对于奶牛健康和泌乳性能的重要性比饲料更为重要。

(1)奶牛每天需水量60～100 L,高产奶牛需水量高达150～200 L。

(2)在牛舍、运动场必须安装自动饮水装置供牛自由饮用。

(3)无自动饮水设备的牛场,每天饲喂后必须及时供应饮水,冬天3次,夏天4～5次。

(4)冬天饮水温度不应低于8～12℃,高产牛14～16℃;夏天应供凉水。

(五)加强运动

对于拴系饲养的奶牛,每天要进行2～3 h的户外运动;对于散养的奶牛,每天在运动场自由活动的时间不应少于8 h。

适宜的运动对于增进食欲,促进血液循环,防止腐蹄病和体况过肥,增强体质,提高产奶性能等都具有良好的作用。户外运动还便于观察发情和发现疾病。同时有利于促进维生素D的合成。但应避免剧烈运动,特别是对于妊娠后期的牛。

(六)肢蹄护理

四肢应经常护理,以防肢蹄疾病的发生。护蹄方法为:

(1)牛床、运动场以及其他活动场所应保持干燥、清洁,尤其奶牛的通道及运动场上不能有尖锐铁器和碎石等异物,以免伤蹄。

(2)定期用5%～10%的硫酸铜或3%福尔马林溶液洗蹄。

(3)正常情况每年修蹄2次。

(4)夏季用凉水冲洗肢蹄时,要避免用凉水直接冲洗关节部,以防引起关节炎,造成关节肢蹄变形。

(5)肢蹄尽可能干刷,以保持清洁干燥,减少蹄病的发生。

(七)乳房护理

乳房是奶牛的泌乳器官,直接决定经济效益的好坏。为此,必须加强乳房的护理工作。

(1)要保持乳房的清洁,这样可以有效减少乳房炎的发生。

(2)要经常按摩乳房,以促进乳腺细胞的发育。

(3)在特殊情况下,可以使用乳罩保护乳房。

(4)要充分利用干乳期预防和治疗乳房炎,并定期进行隐性乳房炎检测。

（八）刷拭牛体

经常刷拭牛体，保持皮肤清洁，可避免发生体外寄生虫，促进牛体血液循环和新陈代谢。通过刷拭牛体还能使牛养成温驯的性格，利于人工挤奶。

(1)奶牛每天应刷拭 2～3 次。

(2)梳刷时精神要集中，随时注意奶牛的动态，以防被牛踢伤，踩伤。

(3)正确的刷拭方法为：①饲养员左手持铁刷，右手持硬毛刷。②刷拭顺序为从颈部开始，由前到后，自上而下，先逆毛刷，后顺毛刷，刷完一侧再刷另一侧，要刷遍全身，不可疏漏。③刷拭时，要用毛刷，铁刷主要用于除去毛刷上的毛和碰到的坚硬结块。④对于难以刷掉的坚硬结块，应先用水软化，然后用铁刷轻轻刮掉，再用毛刷清理干净。⑤对于乳房，应用温水清洗干净，再用毛刷刷。⑥刷下的污物和毛发要及时清理干净，防止牛舔食在胃内形成毛团，影响消化。刷下的灰尘要避免污染饲料。⑦对有皮肤病和寄生虫病的牛要采用单独的刷子，每次刷完后对刷子进行消毒。⑧刷拭应在挤奶前 0.5～1 h 完成。

（九）做好观察和记录

饲养员每天要认真观察每头牛的精神、采食、粪便和发情状况，以便及时发现异常情况。对于出现的情况，要做好详细记录。

(1)对可能患病的牛，要及时请兽医诊治。

(2)对于发情的牛，要及时请配种人员适时输精。

(3)对体弱、妊娠的牛，要给予特殊照顾，注意观察可能出现流产、早产等征兆，以便及时采取保胎等措施。

(4)要做好每天的采食和泌乳记录。发现采食或泌乳异常，要及时找出原因，并采取相关措施纠正。

二、干乳牛的饲养管理

干乳期是母牛饲养管理过程中的一个重要环节。干乳期长短、干奶方法、干乳期饲养管理好坏，对母牛的健康、胎儿的正常生长发育以及下一个泌乳期的产奶性能均有重要的影响。

干乳牛指在奶牛妊娠的最后 60 d 左右采用人工的方法使其停止泌乳，停乳的这一段时间成为干乳期。传统的干乳期从停止挤奶开始，到产犊结束。

干乳期可划分为干乳前期和干乳后期。从停乳至产犊前 15 d 为干乳前期，产犊前 15 d 至产犊为干乳后期。干乳后期又称为围产前期。

(一)干乳时间的长短

干乳期的长短,依每头母牛的具体情况而定。

(1)一般为45～75 d,平均60 d。若干奶过早,会减少母牛的产奶量,对生产不利;干奶太晚,则使胎儿发育受到影响,乳腺组织没有足够的时间进行再生和更新。

(2)初配或早配母牛、体弱及老年牛、高产牛以及牧场饲料条件差、营养不良的母牛需要较长的干乳期,一般为60～75 d。

(3)对体质强壮、产奶量低、营养状况较好的母牛,其干乳期可缩短到45～60 d。

(二)干乳的方法

不论产奶量多少,到了预定停奶日,均应采取果断措施,进行停奶。干奶的方法有2种,即逐渐干乳法和快速干乳法。

1.逐渐干乳法

逐渐干乳法是用1～2周的时间将泌乳活动停止。这种干乳法适合于患隐性乳腺炎或过去难以停奶的高产奶牛。因其停奶操作时间较长,控制营养,不利牛体健康,在生产中较少采用。

(1)停奶时间的确定:开始进行停奶的时间视奶牛当时的泌乳量多少和过去停奶的难易而定。泌乳量大的、难停奶的则早一些开始,反之则可迟些开始。

(2)停奶具体方法:①在预定停奶前1～2周开始停止乳房按摩,改变挤奶次数和挤奶时间,由每天3次挤奶改为2次,而后一天1次或隔日1次。②改变日粮结构,停喂糟粕料、多汁饲料及块根饲料,减少精料,增加干草喂量。③控制饮水量(夏季除外),以抑制乳腺组织分泌活动。④当奶量降至4～5 kg时,一次挤尽即可。

2.快速干乳法

目前快速干乳法有所发展,即又可分为一般快速干乳法和一次性药物干乳法两种。此法一般适用于低产或中产奶牛。

(1)一般快速干乳法:系指从干乳之日起,在4～6 d内将乳干完。①开始干奶前一天,将日粮中全部多汁饲料和精料减去,只喂干草,控制饮水,每天饮2～3次。②挤奶次数由3次改为2次,再次日又改为1次,最后为隔日挤1次,当日产奶量降到8～10 kg以下时,即可停止。③在挤奶操作上最关键的是要做到每次"挤净"。特别是在最后一次挤奶时,更要注意加强热敷按摩,认真挤净最后一把奶。④当奶挤完后,最好用抗生素软膏注入每个乳头管内,常用的有干乳抗生素软膏或金霉素眼膏。每个乳头管注入1支即可。然后用3%次氯酸钠或碘酒浸一浸乳头，再用火棉胶将乳头封闭，可以大大减少乳房炎的发生。

(2)一次性药物干乳法：一次性药物干乳法即在应停奶之日，除减少饲料和控制饮水等措施同快速干乳法外，所不同的是不管母牛产奶量多少，只采取一次挤净后，就不再挤奶。但必须由技术最好的挤奶员来操作。

这种停奶方法，充分利用了乳腺内压加大，抑制分泌的生理现象来完成停奶工作，且可最大限度地发挥母牛泌乳潜力，直到预定停奶之日为止。①对于奶量较高的奶牛，建议在干奶前一天停止饲喂精料，以减少乳汁分泌，降低乳腺炎的发病率。②一次挤净后注意对乳房的热敷和按摩，务必“挤净”全部牛奶。③挤完奶后即刻用70%～75%酒精消毒乳头。④而后向每个乳区注入一支含有长效抗生素的干奶药膏。⑤最后再用3%～4%次氯酸钠或其他消毒液浸浴乳头。

对曾有乳房炎病史或正患乳房炎的母牛不宜采用。

3.干奶关键点

(1)无论采取何种干奶方法，乳头经封口后即不再触动乳房，即使洗刷时也防止触摸它。

(2)在干奶后的7～10 d内，每日2次观察乳房的变化情况(是否有红肿、热、痛)。在正常情况下，停奶过3～5 d后，乳房内的积奶即开始逐渐被吸收，高产牛10 d左右乳房收缩松软。

(3)若停奶后乳房出现过分充胀、发硬或红肿、滴奶等现象，应重新挤净处理后再行干奶。

(4)一般在干奶前10～15 d，均应进行隐性乳房炎检查，因为此期是治疗隐性乳房炎的最佳时期。

(三)干乳期饲养管理

干乳期饲养管理主要是指从停乳至产犊前15 d的干乳前期，而干乳后期饲养管理的内容将在后面的围产期中介绍。

1.干乳期的饲养

(1)干乳期饲养应注意的问题：一是日粮要保持适宜的纤维含量，二是限制能量过多摄入，三是避免过食蛋白质，四是要满足矿物质和维生素的需要。

(2)日粮以青粗料为主，糟渣类和多汁类饲料不宜饲喂过多，以免压迫胎儿，引发早产。

(3)干草任其自由采食，以确保每头奶牛每天至少有2～2.5 kg的进食量。

(4)豆科干草或半干青贮应进行限量饲喂，一般不超过体重的1%，以防摄入过量的蛋白质、钙以及钾，导致乳房水肿、乳热症、酮病以及奶牛倒地综合征。

(5)干乳牛精料喂量视青粗饲料质量及母牛体况而定。但要注意精料最大喂量不宜超过体重的0.5%,以防过肥。过肥容易难产,且产后多数食欲不振,易引起酮病。

(6)日粮还应考虑矿物质、维生素A、维生素D、维生素E的补充和平衡:①矿物质要注意避免过量的钙,高钙易诱发产乳热。②保持钙与磷的比例为2.0:(1~1.5):1。③当粗饲料以豆科饲草为主时,应提高矿物质中磷的添加量。④食盐按日粮干物质的0.25%供给。⑤此期禁止日粮使用碳酸氢钠缓冲剂,以防止发生乳房水肿及乳热症。⑥重胎牛的饮水要洁净,冬天水温不宜低于10℃,否则易引起流产。

2.干乳期的管理

(1)卫生管理:干乳牛新陈代谢旺盛,每日必须加强对牛体的刷拭,以清除皮肤污垢,促进血液循环。①每天至少刷拭2次。②必须保持牛床清洁干燥,勤更换褥草。③注意保持后躯和乳房的清洁卫生。

(2)运动:此期运动不仅可促进血液循环,利于健康,而且更主要的是此期运动有助于分娩,减少难产、胎衣滞留和防止产后瘫痪。①干乳牛应给予适当的运动,每天运动2~3 h。②不可驱赶,以逍遥运动为宜。③重胎牛放出运动时,中间走道要铺垫草,以防道路打滑。④出入门时要防止相互挤撞。⑤运动场要注意清除铁器、异物、保持清洁。

(3)分群饲养:重胎牛之间的生理状态、生活习性比较相似,最好设单舍、单群饲养。

(4)为了更好地保胎,在干乳期不宜进行采血、接种及修蹄等工作。

三、围产期的饲养管理

该阶段的饲养管理应以保健为中心。

奶牛分娩前、后各15 d以内的一段时间称围产期。

围产期就是由干乳后期和泌乳前期而组成的,即围产前期为干乳后期,围产后期为泌乳前期。

(一)围产前期的饲养管理

围产前期饲养管理的好坏直接关系到母牛的正常分娩、分娩后的健康及产后生产性能的发挥和繁殖表现。

1.围产前期的饲养

(1)对营养状况不良的母牛,采用引导饲养法增加精料喂量:①产前7~10 d要增加日粮营养浓度,以保证奶牛营养需要。由于子宫和胎儿压迫消化道,加上血液中雌激素和皮质醇浓度升高,使奶牛采食量大幅度下降(20%~40%)。②但产前精料的最大喂量不宜超过体重的1%。

(2)母牛临产前应尽量避免乳房肿胀发生:①母牛临产前一周会发生乳房肿胀。如果情况严重,应减少糟渣类饲料的喂量。②临产前2～3 d,日粮中适量添加小麦麸以增加饲料的轻泻性,防止便秘。③在采用引导饲养法时,如果乳房水肿严重,应暂缓增加精料或降低精料喂量,同时减少食盐喂量。

(3)日粮的改变:①日粮粗饲料应以优质饲草为主,以增进奶牛对粗饲料的食欲。②日粮逐步向产后日粮过渡,以有效提高奶牛产后的食欲。

(4)在围产前期奶牛的日粮中添加足量的维生素和微量元素。

在围产前期奶牛的日粮中添加足量的维生素A、维生素D、维生素E和微量元素,对产后子宫的恢复,提高产后配种受胎率,降低乳房炎发病率,提高产奶量具有良好作用。

(5)减少产后酮病的发生:①在分娩前7～10 d一次灌服320 g丙烯乙二醇,可有效降低体脂肪的分解代谢,减少产后酮病的发生。②在分娩前2周和产后最初10 d内,每天饲喂6～12 g烟酸,可有效降低血酮的含量。

(6)适当降低日粮中钙的含量:在围产前期采用低钙日粮,围产后期采取高钙日粮,能有效地防止产后瘫痪的发生。①一般将钙含量由占日粮干物质的0.6%降低到0.2%。②奶牛分娩后,采食高钙日粮,外源钙摄入大幅度增加,从而可有效弥补产后由于大量泌乳导致的钙损失,减少产后瘫痪的发生。

2.围产前期的管理

围产前期管理的重点是做好保健工作,预防生殖道和乳腺的感染,减少代谢疾病的发生。

(1)奶牛在产前7～10 d应转入产房,进行产前检查后,由专人进行护理,随时注意观察奶牛的变化。

(2)转入产房前,母牛后躯及四肢用2%～3%来苏儿溶液洗刷消毒后,并办理好转群记录登记和移交工作。

(3)天气晴朗时,要驱牛出产房做逍遥运动。

(4)奶牛到达预产期前1～2 d,应密切观察临产征候的出现,并提前做好接产和助产准备。

(5)奶牛分娩后应尽早驱赶其站立,以免因腹压过大而造成子宫或阴道翻转脱出。

(6)产房工作人员进出产房要穿工作服,用消毒液洗手,并且产房门口最好设单独的消毒池或消毒间。

（二）围产后期的饲养管理

此阶段饲养管理的重点是促进母牛体质尽快恢复，为泌乳盛期的到来打下良好的基础。因为母牛分娩后，体质较弱，消化机能较差。

1.围产后期的饲养

(1)奶牛分娩体力消耗很大，分娩后应使其安静休息。

(2)给奶牛饮喂温热麸皮盐钙汤10～20 kg（麸皮0.5～1.0 kg，食盐50～100 g，碳酸钙50 g，水10～20 kg），以利于奶牛恢复体力和胎衣排出。

(3)在产后3 h内静脉注射20%葡萄糖酸钙500～1 000 mL，可防止胎衣滞留和乳热症的发生。

(4)为使奶牛恶露排净和产后子宫早日恢复，还应喂饮热益母草红糖水（益母草粉0.25 kg，加水1.5 kg，煎成水剂后，加红糖0.5 kg、水3 kg，饮时温度为40℃左右）每天1次，连服2～3次。

(5)在产后2～3 d内以供给优质牧草为主，让牛自由采食，不要饲喂多汁类饲料、青贮饲料和糟粕饲料，以免加重乳房水肿。

(6)在产后3～4 d，可以逐步增加青贮饲料喂量。

(7)在产后7 d，在乳房消肿良好的情况下，可逐渐增加块根类和糟渣类饲料的喂量。精料则可从产后第2天开始逐步增加，每天增加1～1.5 kg。

(8)产后7～8 d达到泌奶牛的给料标准，但喂量以不超过体重的1.5%为宜。

(9)产后8～15 d根据奶牛的健康继续增加精料喂量，直至泌乳高峰到来。

(10)到产后15 d，日粮干物质中精料比例应达到50%～55%，精料中饼类饲料应占到25%～30%。每头牛每天还可补加1～1.5 kg全脂膨化大豆，以补充过瘤胃蛋白和能量的不足。

(11)对产奶潜力大，健康状况良好，食欲旺盛的多加，反之则少加。

(12)在加料过程中要随时注意奶牛的消化和乳房水肿情况，如发现消化不良，粪便稀或有恶臭，或乳房硬结，水肿迟迟不消，就要适当减少精料。待恢复正常后，再逐渐增加精料。

2.围产后期的管理

(1)卫生防护：奶牛分娩过程中，卫生状况与产后生殖道感染关系极大。①产后4～5 d内，每天坚持消毒后躯一次，重点是臀部、尾根和外阴部，要将恶露彻底洗净。②加强监护，注意观察恶露排出情况。③产后几天内仅见稠密透明分泌物而不见暗红色液态恶露，即有恶露闭塞现象，应及时处理，以防发生产后败血症或子宫炎等生殖道感染疾病。

(2)挤奶量控制：①第1天只要挤出够小牛吃的即可，为2～2.5 kg。②第2天每次挤奶约为产奶量的1/3。③第3天约为1/2。④第4天约为3/4。⑤从第5天开始，可将奶全部挤净。

(3)乳房护理：①分娩后，乳房水肿严重，在每次挤奶时都应加强热敷和按摩。②适当增加挤奶次数。③如果乳房消肿较慢，可用40%的硫酸镁温水洗涤，并按摩乳房，可以加快水肿的消失。

(4)分娩记录：详细记录奶牛在分娩过程中是否发生难产、助产的情况、胎衣排出时间、恶露排出情况以及分娩时奶牛的体况等。

(5)饮水要求：①产后1周内的奶牛，不宜饮用冷水，以免引起胃肠炎。②一般最初水温宜控制在37～38℃。③1周后方可逐渐降至常温。④为了增进食欲，宜尽量让奶牛多饮水，但对乳房水肿严重的奶牛，饮水量应适当控制。

四、泌乳盛期饲养管理

(一)泌乳盛期的饲养

1.预付饲养法

采用预付饲养法，可以充分发挥奶牛的泌乳潜力，减轻体况下降的程度。对一般产奶母牛增产效果比较理想。

(1)从奶牛分娩后15～20 d开始，以满足维持和泌乳实际营养需要的饲料量为基础，在吃足粗饲料、青贮饲料和青绿、多汁饲料的前提下，每天再增加1.0～1.5 kg混合精料，作为奶牛每天的实际饲料供给量。

(2)在整个泌乳盛期，始终保持1.0～1.5 kg的“预付”，精饲料的喂量随着泌乳量的增加而增加，直到产奶量不再增加为止。

(3)采取预付饲养法以分娩后奶牛的体质基本康复为前提。时间不能过早，否则容易导致各种消化道疾病。

2.引导饲养法

引导饲养法又称挑战饲养法。采取引导饲养法可以有效减少酮血症的发病率，有助于维持体重和提高产乳量。该方法仅对高产奶牛有效，对患隐性乳房炎的奶牛和低产奶牛则不宜应用，因为低产奶牛易导致奶牛过肥，反而产生不利影响。其具体方法是：

(1)从产前2周开始，增加精饲料喂量，最初1 d约喂给1.8 kg精料，以后每天增加0.45～0.5 kg。直到奶牛每100 kg体重采食1.0～1.5 kg精料为止。

(2)奶牛产犊后，继续按每天0.45 kg增加精料，直到产奶高峰。

(3)等泌乳高峰过后，再按泌乳量、乳脂率和体重等调整精料喂量。

(4)在实施引导饲养的过程中，必须始终保证优质饲草的供给，任其自由采食，并给予充足、清洁的饮水。

(5)引导饲养法所饲喂的精料(谷物)必须是粗磨或压扁的，不宜磨成粉状，否则易引起消化机能障碍。

(6)在泌乳盛期还要注意提高日粮中过瘤胃蛋白质的比例，添加过瘤胃脂肪以提高日粮能量浓度。

(二)泌乳盛期的管理

泌乳盛期管理的目的是要保证泌乳高峰期要长且稳定，而且泌乳量升得快，以求获得最大泌乳量，最大限度地发挥奶牛泌乳潜力。

(1)泌乳盛期是乳房炎的高发期，要着重加强乳房的护理。①可适当增加挤乳次数。②加强乳房热敷和按摩。③每次挤乳后要对乳头进行认真的药浴。

(2)泌乳盛期奶牛每天的日粮采食量很大，宜适当延长饲喂时间。①散养时，要保证有足够的食槽空间，以使每头牛都能充分采食。②每天的剩料量控制在5%左右。③如果奶牛体况过差，应考虑增加精料喂量或延长饲喂时间和频率。④要保证充足、清洁的饮水。

(3)饲养员要加强对奶牛的观察，并做好记录。特别要注意观察奶牛产后的发情情况，发现发情后，要及时配种。

五、泌乳中期饲养管理

我国“规范”中规定产后101～200 d为泌乳中期。该期是奶牛泌乳量逐渐下降，体况逐渐恢复的重要时期。

泌乳中期的变化：①多数奶牛产奶量开始逐渐下降，下降幅度一般为每月递减5%～8%或更多。②奶牛食欲旺盛，采食量达到高峰(采食量在产后12～14周达高峰)。③这个阶段精料饲喂过多，极易造成奶牛过肥，影响产奶量和繁殖性能。这一阶段应根据奶牛的体重和泌乳量，每周或隔周调整精料喂量。在满足奶牛营养需要的前提下，逐渐增大粗料比重。此期日粮的精粗比为40:60。其他营养标准为：日粮干物质应占体重3.0%～3.2%，每千克含奶牛能量单位2.13，粗蛋白含量为13%，钙0.45%，磷0.4%，粗纤维含量不少于17%。

本期饲养管理的目标是最大限度地增加奶牛采食量，促进奶牛体况恢复，延缓泌乳量下降速度。其饲养管理工作重点是：①充足的饮水和加强运动，并保证正确的挤奶方法及进行正常的乳房按摩。②应根据产奶量、体况，定量供给精料，粗饲料的供应则为自由采食。③奶牛自产犊后8～10周应开始增重，日增重幅度在0.25～0.5 kg。④每月产奶量下降的幅度控制在5%～7%。

六、泌乳后期饲养管理

奶牛产后 201 d 至干奶之前的这段时间称为泌乳后期。此期的奶牛一般处于妊娠期，奶牛由于受胎盘激素和黄体激素的作用，产奶量开始大幅度下降，每月递减 8%～12%。

在饲养管理上要：

(1)考虑泌乳及妊娠。对于头胎牛，还要考虑生长因素。

(2)此期饲养管理的关键是延缓泌乳量下降的速度。

(3)使奶牛在泌乳期结束时恢复到一定的膘情，并保证胎儿的健康发育。

(4)应按体况和泌乳量进行饲养，每周或隔周调整精料喂量 1 次。

(5)泌乳后期是奶牛增加体重、恢复体况的最好时期(泌乳牛利用代谢能增重的效率为 61.6%，而干乳牛仅 48.3%)，凡是泌乳前期体重消耗过多和瘦弱的，此期应适当比维持和产奶需要多喂一些，使奶牛在干奶前 1 个月体况达 3.5 分。这不仅对奶牛健康有利，也对奶牛持续高产有好处。

(6)日粮精粗料比为 30∶70。

(7)日粮干物质应占体重 3.0%～3.2%，每千克含奶牛能量单位 2.20，粗蛋白含量为 12%，钙 0.45%，磷 0.35%，粗纤维含量不少于 20%。

任务五 高产奶牛的饲养管理

一、高产奶牛的饲养管理

饲养高产奶牛的重点是尽量降低营养负平衡，保证瘤胃机能的正常，维护奶牛健康，获得稳定高产。

高产奶牛一个典型的特点是采食量大，对营养物质的需求量高，虽然精饲料喂量大，但营养负平衡仍然比较严重。

1.加强干乳期的饲养

干乳后期要增加精饲料喂量，充分补偿前一泌乳期的营养消耗，贮备充分营养以供奶牛产后产乳量迅速增加的需要，使瘤胃微生物区系在产犊前得以调整以适应高精料日粮。防止泌乳高峰期内过多分解体脂肪，发生代谢疾病而影响发育和健康。保证泌乳期奶牛在最需要能量的时候获得充足的能量。

2.提高干物质的营养浓度

(1)通常泌乳初期到高峰期是高产奶牛饲养管理的关键时期。

(2)母牛产乳后,产乳量急剧上升,对于物质和能量等营养需要也相应增加。

(3)为了满足营养需要,必须提高日粮干物质的营养浓度。①在泌乳初期及高峰期,受采食量及消化率等方面的限制,为满足产乳需要不得不动用体内的营养物质。②一般泌乳盛期过后,高产奶牛体重要降低 35～45 kg,甚至更多。母牛体重下降是体蛋白质、脂肪和矿物质消耗的结果。③如下降过多或下降持续时间较长,容易出现酮血症或性机能障碍。

3.保持日粮中适当的能量与蛋白比

(1)高产奶牛产犊后,产乳量逐渐提高,此时常因片面强调蛋白质饲料供应量,忽视蛋白质与能量间的适当比例。

(2)奶牛产后产乳量迅速增加,需要很多能量。

(3)日粮中作为能源的碳水化合物不足,蛋白质就得脱氨氧化供能,其含氮部分则由尿排出。蛋白质不但没有发挥其自身特有的营养功能,而且从能量的利用率考虑也不经济。

4.使高产牛保持旺盛的食欲

(1)高产奶牛泌乳量上升速度比采食量上升速度早 6～8 周。

(2)牛采食量大,饲料通过消化道较快,降低了营养物质的消化率。

(3)日粮的营养浓度越高,消化利用的部分越少。

(4)要保持母牛旺盛的食欲,注意提高其消化能力。①粗饲料可让其自由采食。②精饲料日喂 3 次。③产犊后精饲料增加不宜过快,否则容易影响食欲。每天增加 0.5～1.0 kg 为宜。④精饲料给量一般每天不超过 15 kg。

5.合理搭配高产牛的日粮

日粮组成不仅考虑到营养需要,还应注意满足瘤胃微生物的需要,促进饲料更快地消化和发酵,生产更多的挥发性脂肪酸。

(1)高产奶牛的日粮要求容易消化,容易发酵,并从每单位日粮中得到更多的营养物质。

(2)乳中有 40%～60%的能量来自挥发性脂肪酸。

(3)精饲料给量中,玉米或高粱比例要适当,可加大大麦、麸皮的给量,豆科青粗饲料比禾本科饲料易消化和发酵,含蛋白质也高。

(4)高产牛日粮中不宜过多喂青贮饲料。带穗玉米青贮,既是青饲料,又具精饲料性质,较易消化。但是贮存过程中大部分蛋白质被降解为非蛋白质含氮物,喂饲后经微生物合成蛋白质才被利用。

二、高产奶牛的生理特点

高产奶牛产奶量高，代谢强度大，饲料转化率高，对饲料及外界环境反应敏感。高产奶牛产奶量多，因而需要的营养物质也多，因此，采食和反刍的时间均比低产奶牛明显延长，每天需 80～100 kg 饲料。高产奶牛由于采食量大，消化食物所需要的水大量增加，而且维持泌乳所需要的水分也增加。要消化吸收这些饲料，不仅消化器官负担加大，而且整个机体代谢机能都要加强，因此高产奶牛基础代谢率高，心跳、呼吸等生理指标均比中低产奶牛显著增快。所以对高产奶牛更要精心饲养，科学管理，以保证奶牛具有良好的体况和体质。

任务六 奶牛全混合日粮

TMR 技术是国外 20 世纪 60 年代研制成功的一种饲料配合技术。所谓全混合日粮(total mixed ration，TMR)是指根据奶牛的营养配方，将切短的粗饲料与精饲料以及矿物质、维生素等各种添加剂在饲料搅拌喂料车内充分混合成的一种营养平衡的日粮，也称为全价日粮(CR)。

一、全混合日粮的利弊

1. 全混合日粮的优点

(1)可以大幅度提高劳动效率。

(2)可以增加奶牛对饲料干物质的采食量，缓解奶牛在泌乳初期高产奶量的能量需要与进食之间的营养负平衡问题。

(3)精粗饲料混合均匀，改善饲料适口性，避免奶牛挑食和营养失衡现象的发生。

(4)增强瘤胃机能，维持瘤胃 pH 的稳定，降低奶牛发病率。

(5)因牛而异，饲养管理工作更具针对性，便于控制日粮营养水平。

(6)采用全混合日粮可更高效使用尿素、氨等非蛋白质含氮物。

2. 全混合日粮的缺点

全混合日粮对于成母牛在 100～150 头以下的小型奶牛场不实用。

(1)奶牛必须进行分群饲喂，由于频繁分群增加了奶牛流动，给有关记录和测定带来不便。

(2)在转群的过程中会对奶牛造成一定程度的应激。

(3)必须具备能够进行彻底混合饲料的搅拌设备和用于称量及分发日粮的专

业设备。

(4)需要经常检测日粮营养成分,计算日粮配方。

(5)长干草需进行切短混合。

(6)应用 TMR 具有投资大、设备维护成本高、对道路和牛舍要求高、对配制技术要求高等缺点。

二、全混合日粮饲养操作要点

1.合理分群

(1)全混合日粮饲养方式的奶牛场,要定期对个体牛的产奶量、乳成分、体况以及牛奶质量进行检测,并将营养需要相似的奶牛分为一群。

(2)对于大多数奶牛场可将成母牛分为三群,即高产牛群、中低产牛群和干奶牛群。

2.经常检测日粮及其原料的营养含量

(1)测定原料的营养成分是科学配制全混合日粮的基础。即使同一原料因产地、收割期及调制方法不同,其干物质含量和营养成分也有较大差异,所以应根据实测结果配制相应的全混合日粮。

(2)必须经常检测全混合日粮的水分含量和奶牛实际的干物质采食量,以保证奶牛能食入足量的营养物质。一般全混合日粮水分含量以35%～45%为宜。

3.科学配制日粮

(1)在配合日粮时,要考虑奶牛体况需要和产奶量。

(2)保证绝大多数牛在泌乳中期和后期摄取额外的营养物质,以补偿泌乳早期体重的损失,使初产牛或二胎牛在泌乳期有所增重。

4.日粮的营养要平衡和均匀

(1)配制全混合日粮是以营养浓度为基础,这就要求各原料组分必须计量准确、充分混合。

(2)使用全混合日粮,需要配备性能先进的饲料搅拌喂料车,它集饲料的混合和分发为一体,全混合日粮的饲喂过程由电脑进行控制。

(3)为了保证日粮混合质量,应制定科学的投料顺序和混合时间。①投料顺序一般为:干草→精料(包括添加剂)→青贮料。②混合时间:转轴式全混合日粮混合机通常在投料完毕后再搅拌 5～6 min,如果日粮中没有 15 cm 以上的粗料则搅拌 2～3 min 即可。

5.控制分料速度

(1)采用混合喂料车投料,要控制车速(20 km/h)和放料速度,以保证全混合日粮投料均匀。

(2)每天投料2次以上。

(3)每次投料时饲槽要有3%～5%的剩料,以防牛只采食不足,影响产奶量。

6.检查饲养效果

(1)注意观察奶牛的采食量、产奶量、体况和繁殖状况。

(2)根据出现的问题及时调整日粮配方和饲喂工艺,并淘汰难孕牛和低产牛,以提高饲养效果。

目前,全混合日粮饲喂技术已在我国北京、辽宁、广州、上海、福建等地的许多大型现代化奶牛场中广泛应用,并都取得了良好的效果。

三、使用全混合日粮的关键点

1.TMR的质量直接取决于所使用的各饲料组分的质量

对于泌乳量超过10 000 kg的高产牛群,应使用单独的全混合日粮系统。这样可以简化喂料操作,节省劳力,增加奶牛的泌乳潜力。

2.奶牛对TMR的干物质采食量

(1)刚开始投喂TMR时,不要过高估计奶牛的干物质采食量。

(2)过高估计采食量,会使设计的日粮中营养物质浓度低于需要值。

(3)可以在计算时将采食量比估计值降低5%。

(4)保持剩料量在5%左右来平衡TMR。

3.防止消化不适

(1)TMR的营养物质含量变化不应超过15%。TMR见图3-2。

(2)与泌乳中后期奶牛相比,泌乳早期奶牛使用TMR更容易恢复食欲,泌乳量恢复也更快。

(3)更换TMR泌乳后期的奶牛通常比泌乳早期的奶牛减产更多。

4.合理分群

(1)一个TMR组内的奶牛泌乳量差异不应超过9～11 kg(4%乳脂)。

(2)产奶潜力高的奶牛应保留在高营养的TMR组,而潜力低的奶牛应转移至较低营养的TMR组。

(3)如果根据TMR的变动进行重新分群,应一次移走尽可能多的奶牛。

图3-2　TMR

(4)白天移群时,应适当增加当天的饲料喂量。

(5)夜间转群,应在奶牛活动最低时进行,以减轻刺激。

5.饲喂

TMR 应考虑奶牛的体况、年龄及饲养状态。

(1)当 TMR 组超过一组时,不能只根据产奶量来分群,还应考虑奶牛的体况、年龄及饲养状态。

(2)高产奶牛及初产奶牛应延长使用高营养 TMR 的时间,以利于初产牛身体发育和高产牛对身体储备损耗的补充。

(3)TMR 每天饲喂 3～4 次,有利于增加奶牛干物质采食量。

(4)TMR 的适宜供给量应略大于奶牛最大采食量。一般应将剩料量控制在 5%～10%,过多过少都不好。

(5)没有剩料可能意味着有些牛采食不足,过多则会造成饲料浪费。当剩料过多时,应检查饲料配合是否合理,以及奶牛采食是否正常。

任务七　挤　奶

一、挤奶的技术流程

挤奶技术是发挥奶牛产奶性能的关键之一,同时,挤奶技术还与牛奶卫生以及乳腺炎的发病率直接相关。正确而熟练的挤奶技术可显著提高泌乳量,并大幅度减少乳腺炎的发生。挤奶方式主要分为手工挤奶和机械挤奶。现在以机械挤奶方式为主。

机械挤奶是利用挤奶机械进行挤奶。目前,大型现代化奶牛场均已采用机械挤奶。挤奶机械是利用真空原理将乳从牛的乳房中吸出。

挤奶机械一般由真空调节器、真空管道、真空罐、真空泵、挤奶器(包括集乳器、乳杯、计量器、脉动器、橡胶软管等)、储存罐等组成。

1.挤奶机的类型

(1)挤奶机械主要有提桶式、移动式和管道式三种。

(2)挤奶厅(台)也属于管道式中的一种。

(3)我国许多奶牛场采用的是管道式挤奶系统。

(4)挤奶厅的建筑形式有坑道式、平面式和转盘式等数种。

(5)挤奶厅的挤奶装置主要有:挤奶台、固定位置的挤奶器、牛奶计量器、牛奶真空输送管道、洗涤系统、乳房自动清洗设备、自动脱落装置，奶牛出入启闭装置等。

(6)挤奶台根据奶牛在挤奶台上的排列形式，又可分并列式、鱼骨式、串联式、转盘式等。

(7)在选购挤奶机的类型时要根据牛群的规模和当地实际情况而定。①仅10～30头泌乳牛，或中、小型奶牛场则宜选用移动式挤奶机。②30～200头泌乳牛可选用管道式。③200头以上，最好采用挤奶厅挤奶。④在选用厂家和品牌时，务必注意维修的条件和易损件供应渠道，如果当地缺少维修条件，易损件难买或价格昂贵，挤奶器一旦出故障，就会影响正常生产。

2.机械挤奶操作程序

准备工作→挤奶前检查→乳房擦洗和按摩→乳头药浴→套奶杯→挤奶→卸奶杯→乳头药浴→清洗器具。

(1)做好挤奶前的卫生准备工作，包括牛只、牛床及挤奶员的卫生，其准备工作与手工挤奶相似。

(2)调整挤奶设备及检查奶牛乳房健康。高位管道式挤奶器的真空读数调整为48～50 kPa，低位管道的管道式挤奶器的真空读数调整为42 kPa。将脉动器频率调到40～69次/min。检查奶牛乳房外表是否有红、肿、热、痛症状或创伤，如果有乳房炎或创伤应进行手工挤奶。患乳房炎的牛奶另作处理。

(3)擦洗和按摩乳房。挤奶前，用消毒过的毛巾(最好专用)擦洗和按摩乳房，并用一次性干净纸巾擦干。淋洗面积不可太大，以免脏物随水流下增加乳头污染机会。这一过程要快，最好在15～25 s内完成。

(4)对各乳头进行药浴。检验头两把奶无异常时，应立即药浴。常用药液有碘甘油(0.3%～0.5%碘加3%甘油)、0.3%新洁尔灭或2%～3%次氯酸钠。等待30 s后用纸巾擦干。

(5)套奶杯。套奶杯时开动气阀，接通真空，一手握住集乳器上的4根管和输奶管，另一只手用拇指和中指拿着乳杯，用食指接触乳头，依次把乳杯迅速套入4个乳头上，并注意不要有漏气现象，防止空气中的灰尘、病原菌等吸入奶源中。这一过程应在45 s内完成。

(6)挤奶。充分利用奶牛排乳的生理特性进行挤奶，大多数奶牛在5～7 min内完成排乳。挤奶器应保持适当位置，避免过度挤奶造成乳房疲劳，影响以后的排乳速度。通过挤奶器上的玻璃管观察乳流的情况，如无乳汁通过立即关闭真空导管上的开关，挤奶完毕。

(7)卸杯。关闭真空导管上的开关2～3 s后，让空气进入乳头和挤奶杯内套之间，再卸下奶杯。避免在真空状态下卸奶杯，否则易使乳头损伤，并导致乳房炎。

(8)乳头药浴。挤奶结束后必须马上用药液浸乳头,因为在挤奶后15~20 min乳头括约肌才能完全闭合,阻止细菌的侵入。用药液浸乳头是降低乳腺炎的关键步骤之一。乳头浸液,现配现用。用药液浸乳头30 s后,再用一次性干净纸巾或消毒过的毛巾擦净。每天对药液杯进行一次清洗消毒。

(9)清洗器具。每次挤完奶后清洗厅内卫生,做到挤奶台上、台下清洁干净;管道、机具立即用温水漂洗,然后用热水和去污剂清洗,再进行消毒,最后凉水漂洗。至少每周清洗脉动器一次,挤奶器、输乳管道冬季每周拆洗一次,其他季节每周拆洗两次。凡接触牛乳的器具和部件先用温水预洗,然后浸泡在0.5%纯碱水中进行刷洗。乳杯、集乳器、橡胶管道都应拆卸刷洗,然后用清水冲洗,用1%漂白粉液浸泡10~15 min后晾干后再用。

二、挤奶次数和间隔

泌乳期间,适当增加挤奶次数可提高产奶量。因为乳汁的分泌是不间断的,随着乳汁在腺泡和腺管内的不断聚积,内压上升将减慢泌乳速率。

(1)3次挤奶产奶量较2次提高16%~20%。

(2)4次挤奶比3次多10%~12%。

(3)在生产上要兼顾劳动强度、饲料消耗(奶牛3次挤奶的干物质采食量较2次多5%~6%)及牛群健康。

(4)在劳力低廉的国家多实行日挤奶3次,而在劳动费用较高的欧美国家,则实行挤奶2次。

(5)采用3次挤奶,挤奶间隔以8 h为宜。

(6)采用2次挤奶,挤奶间隔则为12 h为宜。

三、挤奶注意事项

(1)要建立完善合理的挤奶规程。在操作过程中严格遵守,并建立一套行之有效的检查、考核和奖惩制度。

(2)要保持奶牛、挤奶员和挤奶环境的清洁、卫生。挤奶环境还要保持安静,避免奶牛受惊。挤奶员要和奶牛建立亲和关系,严禁粗暴对待奶牛。

(3)挤奶次数和挤奶间隔确定后应严格遵守,不要轻易改变,否则会影响泌乳量。

(4)产犊后5~7 d内的母牛和患乳房炎的母牛一般不采用机械挤奶,必须使用机械挤奶时,安装挤奶杯的速度要快,不能超过45 s。

(5)挤奶时密切注意乳房情况,及时发现乳房和奶的异常。同时,既要避免过度挤奶，又要避免挤奶不足。

(6)挤乳后，尽量保持母牛站立 1 h 左右。这样可以防止乳头过早与地面接触，使乳头括约肌完全收缩，有利于降低乳房炎发病率。常用的方法是挤奶后供给新鲜饲料。

(7)迅速进行挤奶，中途不要停顿，争取在排乳反射结束前将奶挤完。

(8)挤奶时第 1、第 2 把奶中含细菌较多，要弃去不要，对于病牛，使用药物治疗的牛，乳房炎牛的牛奶不能作为商品奶出售，不能与正常奶混合。

(9)挤奶机械应注意保持良好工作状态，管道及盛奶器具应认真清洗消毒。

四、鲜奶的初步处理

(一)鲜奶的过滤

在挤乳过程中，特别是手工挤，牛乳中不能避免落入尘埃、牛毛、粪屑等，因而会使牛乳加速变质。所以鲜奶要过滤。

(1)为除去牛乳中的污物和减少细菌数目，刚挤下的牛乳必须用多层(3～4 层)纱布或过滤器进行过滤。

(2)纱布或过滤器每次用后应立即洗净、消毒，干燥后存放在清洁干燥处备用。

(3)可以在输乳管道上隔段加装过滤筒对牛乳进行过滤。

(4)用过的过滤筒必须按时更换和消毒。

(二)鲜奶的冷却

刚挤出的牛奶，由于牛奶温度高(35℃)很适于细菌繁殖。据测定，细菌每 10～20min 分裂繁殖 1 代，3 h 后 1 个细菌可增殖到 30 万之多。

(1)为降温有效抑制微生物的繁殖速度，过滤过的牛奶应立即冷却到 4～5℃，延长牛乳保存时间。

(2)常用的冷却方法主要有直冷式乳罐冷却法、热交换器冷却法、水池冷却法、冷排冷却法。

(三)鲜奶的运输

鲜奶运输中应注意以下几点：

(1)防止鲜奶在运输中温度升高。①最好选择在早晚或夜间进行；②运输工具最好用专用的奶罐车；③如用奶桶运输应用隔热材料遮盖。

(2)为防止在运输过程中因震荡而升温或溅出，容器内必须装满盖严。

(3)严禁中途停留，尽量缩短运输时间。

(4)避免在运输过程中污染，运输容器要严格消毒。

思考讨论

(1)简述犊牛早期护理的工作要点。

(2)怎样加强后备牛的饲养管理?

(3)简述干乳牛饲养管理的技术要点。

(4)简述奶牛围产期的饲养管理技术要点。

(5)简述奶牛泌乳盛期的饲养管理技术要点。

(6)高产奶牛的饲养管理应注意哪些关键问题?

(7)简述挤奶的技术操作流程。

(8)结合当地具体情况分析:为提高乳用牛群的生产力水平,应采取哪些有效措施?

项目四　肉牛饲养管理

【能力目标】

具备进行肉牛饲养管理的能力。熟练掌握肉牛的肥育技术。

【知识目标】

了解肉牛生长发育的一般规律。熟悉影响肉牛生产性能的因素。

【重点和难点】

重点：肉牛的饲养，肉牛的肥育。

难点：影响肉牛生产性能的因素。

【项目说明】

项目概述：肉牛业作为我国畜牧业的重要组成部分，正经历着由传统养牛业向现代肉牛业的转变，中国的肉牛业方兴未艾，前景广阔。因此，我们应加强对肉牛的饲养管理及肥育技术的学习与研究。

项目载体：肉牛、牛舍、检验室、设备、牛场内实训室(配有多媒体)、各阶段种肉牛饲料。

技术流程：

肉牛的饲养→肉牛的肥育

项目开展的依据：

任务	工作依据及资讯	工作页
4-1　肉牛的饲养管理	各阶段肉牛的饲养管理方法	4-1
4-2　肉牛的肥育	肉牛的肥育方法	4-2

任务一 肉牛的饲养管理

一、肉用犊牛的饲养管理

（一）新生犊牛的处理

(1)为加强母仔亲和力，肉用犊牛身体上的黏液由母牛舔食而不要人工擦拭。有利于自然哺乳。

(2)个别母牛不舔食，可在犊牛身体上撒麸皮加以诱导。

（二）随母哺乳，过好“哺乳关”

(1)肉用犊牛一般随母自然哺乳。

(2)犊牛出生后应在0.5～2 h尽量让其吃上初乳，方法是在犊牛能够自行站立时，让其接近母牛后躯，采食母乳。

(3)对个别体弱的可人工辅助，挤几滴母乳于洁净手指上，让犊牛吸吮其手指，而后引导到乳头助其吮奶。

(4)自然哺乳时应注意观察犊牛吸乳时的表现。①当犊牛频繁地顶撞母牛乳房，而吞咽次数不多，说明母牛奶量少，犊牛不够吃，应加大补饲量。②当犊牛吸吮一段时间后，口角已出现白色泡沫时，说明犊牛已经吃饱，应将犊牛拉开，否则容易造成犊牛哺乳过量而引起消化不良。

(5)哺乳期：①纯种肉牛及我国黄牛的养殖一般不实行早期断奶。②传统的肉用犊牛的哺乳期一般为6个月。③西门塔尔改良牛产奶量高，在挤奶出售的情况下，可实行犊牛早期断奶。

（三）及早补饲

犊牛哺乳早期就应进行补饲。因为肉用犊牛早期生长快，肉用母牛的产奶量较低，仅靠母牛的奶喂养犊牛，不能满足其快速发育的需要。

1.干草的补饲

为促进瘤胃、网胃发育。从1周龄开始，在牛栏的草架内添入优质干草（如豆科青干草等），训练犊牛自由采食。

2.精料的补饲

(1)肉用犊牛生后10～15 d开始训练犊牛采食精料。在牛舍或牛圈内设一个犊牛能够自由进出而母牛不能进入的坚固围栏，内设饲槽并每日放置补饲的饲料进行隔栏补饲。围栏的大小视犊牛的头数而定，进口宽 40～50 cm、高 90～100 cm。

(2)开始时日喂干粉料 10～20 g。

(3)1 月龄时，每天可采食 150～300 g。

(4)2 月龄时可采食到 500～700 g。

(5)3 月龄时可采食到 750～1 000 g。

(6)补充的精料必须是高蛋白和易消化的能量饲料，并添加维生素、矿物质，其营养必须平衡。

(7)补充的精料需具有较好的适口性。

(8)犊牛补充料配方见表 4-1。

表 4-1　犊牛补充料配方

犊牛补充料	玉米/%	麸皮/%	豆饼/%	鱼粉/%	骨粉/%	食盐/%	维生素 A /(万 IU/kg)
以青草、青贮为主	55～60	10～15	20～25	5	2	1	
以干草为主	50～55	10～15	25～30	5	2	1	1～2

3. 青绿多汁饲料的补饲

青绿多汁饲料如胡萝卜、甜菜等。

(1)犊牛在 20 日龄时开始补喂，以促进消化器官的发育。

(2)每天先喂 20 g，到 2 月龄时可增加到 1～1.5 kg。

(3)3 月龄为 2～3 kg。

4. 青贮饲料的补饲

(1)可在 2 月龄开始饲喂青贮饲料。

(2)每天青贮饲料 100～150 g。

(3)3 月龄时 1.5～2 kg 青贮饲料。

(4)4～6 月龄时 4～5 kg 青贮饲料。

(5)应保证青贮料品质优良，防止用酸败、变质及冰冻青贮料喂犊牛。

(四)合理断奶

(1)肉用犊牛断奶时的最大应激反应是母仔分离给犊牛带来的痛苦。

(2)断奶应采取循序渐进的办法。①断奶初期，可逐渐减少母、仔在一起的时间和次数，将犊牛留在原处，定时将母牛牵走。②自然哺乳的母牛在断奶前 1 周停喂精料，只给优质粗料，使其泌乳量减少。③刚断奶的犊牛应细心喂养，断奶后 2 周内的日粮应与断奶前相似。④日粮中精料占 60%，粗蛋白质不低于 12%。

(五)加强护理,预防疾病

(1)在犊牛饲养中,坚持每天刷拭牛体。

(2)注意观察犊牛食欲、精神、粪便是否正常,发现问题及时采取措施。

(3)预防疾病。①犊牛最易发生的疾病是腹泻和肺炎,可给犊牛添加1%的干酵母,以促进其消化。②恶劣天气减少犊牛户外活动,好天气多让犊牛进行户外活动,以增强抗病力。③做好防寒保暖工作,防止受凉感冒。

二、育成母牛的饲养管理

育成母牛标准:计划留做后备牛的犊牛在4~6月龄时选出,要求性情温顺、生长发育好、具备良好的体质,但不过于肥胖。

(一)育成母牛的饲养

(1)育成母牛的日粮应以青粗饲料为主,充分采食青草、青贮和干草。

(2)青饲季节可不补充精料,仅补充矿物质即可。

(3)冬季根据青粗饲料质量补饲少量精饲料。

(4)不同月龄育成牛的饲养。

3~6月龄:可采用的日粮配方为犊牛料2 kg,干草1.4~2.1 kg或青贮料5~10 kg。

7~12月龄:①日粮中干物质的75%应来源于青粗饲料,25%来源于精饲料。②日喂量:混合料2 kg左右,青干草0.5~2 kg,玉米青贮11 kg。③在放牧状况下,如果牧草生长良好,此期犊牛日粮中的粗饲料、多汁饲料和大约一半的精饲料可被牧草代替。④在牧草生长较差的情况下,则必须补饲青饲料。青饲料的采食量:a.7~9月龄母牛为18~22 kg。b.10~12月龄母牛22~26 kg。c.每天青粗饲料的采食量可达体重的7%~9%,占日粮总营养价值的65%~75%。此阶段结束,体重可达250 kg。

13~18月龄:①为了促进育成牛性器官的发育,其日粮中要尽量增加青贮、块根、块茎饲料的喂量。②一般情况下,可不喂精料或少喂精料(每头牛日饲喂量在0.5 kg以下)。③但在优质青干草、多汁饲料不足和计划较高日增重的情况下,则必须每日每头牛加喂1~1.3 kg精料。④在放牧条件下,如果牧草生长较差,也必须给牛补饲青饲料。青饲料日喂总量(包括放牧采食量):a.13~15月龄育成母牛为26~30 kg。b.16~18月龄育成母牛为30~35 kg。c.冬末春初每头育成牛每天应补1 kg左右配合料,每天喂给1 kg胡萝卜或青干草,或者0.5 kg苜蓿干草,或每千克料配入1万IU维生素A。

18～24月龄：①进入配种繁殖期。②日粮应以优质干草、青草、青贮料和多汁饲料为基本饲料，少喂或不喂精料。③到妊娠后期，应每日补充2～3 kg精料。④如有放牧条件，应以放牧为主。

(二)育成母牛的管理

1.及时分群

育成牛断奶后进行分群。

(1)公、母牛分开饲养。

(2)体格大小应该相近，月龄差异一般不应超过2个月，体重差异低于30 kg。

2.加强运动

(1)在舍饲条件下，青年牛每天应至少有2 h以上的运动。一般采取自由运动。

(2)在放牧的条件下，运动时间一般足够。

3.经常刷拭牛体

为了保持牛体清洁，促进皮肤代谢和养成温驯的气质，要经常刷拭牛体。

(1)育成牛每天应刷拭1～2次。

(2)每次刷拭5～10 min。

4.加强发情鉴定，适时配种

(1)发育较好的母牛可于18月龄配种。

(2)对发情异常的个体及时进行检查和处理。

5.肉用母牛的配种要加强选种选配

(1)杂交改良牛生长快，效益好，但要特别注意母牛的难产问题。

(2)初配牛最好选择中小型肉牛品种如安格斯牛或地方良种黄牛进行杂交，大型牛和经产牛可引入利木赞牛、夏洛来牛、西门塔尔牛等大型牛进行改良。

三、成年母牛的饲养管理

(一)空怀母牛的饲养管理

空怀母牛饲养管理的主要任务是提高受配率、受胎率。

(1)母牛在配种前应具有中上等膘情，过瘦和过肥都会影响其正常妊娠。

(2)改善饲养管理条件、增加运动和日光浴可增强牛群体质，提高母牛的繁殖能力。

(3)空怀母牛的饲养应充分利用粗饲料，以降低饲养成本。

（二）妊娠母牛的饲养管理

1.多采取放牧饲养的方法

(1)我国青草季节主要在6～10月份，可充分利用青草季节进行放牧饲养。

(2)只要牧草质量好，就能基本满足牛的需要，一般不需要补饲。

(3)放牧：①时间为早晨4时出牧，晚8时收牧，中午4 h进舍避暑，每天放牧12 h。②每天补喂精料1～1.5 kg，饮水5～6次，刷拭牛体2次。

(4)枯草季节，应根据草的质量及时补饲，特别是妊娠的最后2～3个月，每天可以补喂混合精料1.5～2 kg，干青草8 kg，食盐50 g，骨粉75 g。

(5)在舍饲期，日粮应以青粗饲料为主，适当搭配精饲料。①日喂优质干草11 kg，青贮料10～15 kg，混合精料2.5～3 kg，食盐30 g，骨粉45 g。②保证充足饮水。③上、下午各驱赶运动1.5～2 h。④每天刷拭牛体2次。

2.做好保胎工作

(1)满足母牛的营养需要。①保证日粮中充足的粗蛋白质、维生素A和维生素E以及钙、磷等，防止营养不良而发生妊娠中止。②确保饲料清洁新鲜，不喂发霉变质饲料、冰冻饲料，不喂酒糟、棉籽饼等含有某种毒素成分的饲料。③还应注意防止牛过瘦和过肥，以免发生难产。

(2)给予孕牛适宜的环境，保持牛的健康。①每天应对牛舍、牛床、牛体进行清洗、打扫，保持清洁卫生，并定期消毒。②严格防疫，防止发生传染病。布氏杆菌病是预防的重点，一旦发生会引起孕牛流产。

(3)合理运动、使役。①孕牛的牵引、驱赶、使役等要注意方法，不要过急、过快。②孕牛产前1～2个月应停止使役。

(4)合理用药。①孕牛患病治疗时用药必须谨慎，对胎儿有致畸等危害的药物应避免使用。②能引起子宫肌收缩的药也应禁用，如麦角碱、催产素、前列腺素等。③应禁用全身麻醉药、烈性腹泻药等。

(5)不混群饲养。孕牛应与其他牛分开单独饲养，防止顶架、爬跨等而造成流产。

(6)避免孕牛受到机械性损伤。生产中对孕牛应温和，合理调教，不能粗暴，防止滑倒、挤伤或碰伤。

（三）泌乳母牛的饲养管理

泌乳母牛的饲养，主要是达到有足够的泌乳量，以供犊牛生长发育的需要。

(1)放牧饲养情况下，多采用季节性产犊，以早春产犊较好。既可以保证母牛的产奶量，又可以使犊牛提前采食青草，有利于犊牛生长发育。

(2)舍饲情况下，可参考饲养标准配合日粮，但应以青饲和青贮为主，适当搭配精饲料，既有利于产奶和产后发情，也可节约精饲料。

四、种公牛的饲养管理

（一）种公牛的饲养

种公牛的饲养目标：使其具有健康的体质、旺盛的性欲、灵活的体躯和优良的精液品质，而且使用年限要长。

（1）种公牛的日粮以精料为主，喂量一般为体重的0.5%～1.0%，占日粮总营养的45%～60%。①精料要求营养全价，多样搭配，容积要小，适口性强，易于消化。②一般由麸皮、大麦、玉米、燕麦、豌豆、黑豆、豆饼及骨粉等搭配而成。③避免单一饲料喂量太多影响精液量和品质。

（2）粗料要以蛋白质含量高的豆科干草为主，最低限度也应是豆科和禾本科的混合干草。一般可按体重的1%搭配，防止形成"草腹"。

（3）种公牛的营养重点是蛋白质、维生素和矿物质，特别是维生素A、维生素D、维生素E和磷、锰等，能量在实践中容易满足，有时还会过量，在搭配日粮时要特别注意。

（4）为了提高精液品质和性欲，限喂菜籽饼、棉籽饼、青贮料、食盐等。不喂酒糟、果渣等糟粕饲料。长期喂干草要注意补充发芽大麦或胡萝卜。

（5）种公牛一般日喂3次，日粮等份给予，饲喂顺序是先精后粗。

（6）保证充足的清洁饮水。①冬季每日饮3次，宜饮温水。②夏季4～5次。③要注意采精或配种前后、运动前后0.5 h内禁止饮水，以免影响公牛健康。

（二）种公牛的管理

1.种公牛管理需要首先注意的关键点

（1）种公牛具有记忆力强、防御反射强和性反射强的特点。

（2）管理中要大胆心细，处处留神，严禁殴打与嬉戏公牛。

（3）生人不要轻易接近，即使很熟悉和温顺的公牛也不能疏忽大意。

（4）给公牛打针时，饲养人员要回避，以免公牛记恨。

2.种公牛常规管理

（1）拴系：①种公牛生后6个月带笼头。②8～10月龄穿鼻环。a.鼻环需用皮带吊起，系于缠角带上。b.缠角带最好用结实的滚缰皮缠牢。c.缠角带拴有两条细铁链，通过鼻环左右分开，拴系在两侧的立柱上。③注意牢固拴系，严防脱缰。

（2）编号：①多用耳标法。②编号方法按照国家规定进行，并做好登记。

（3）牵引：①种公牛的牵引应坚持双绳牵引，一人在牛的左侧，另一人在牛的后面。②人和牛应保持适当的距离。③对性情不温顺的公牛，须用钩棒进行牵引。

(4)运动：①种公牛必须坚持运动。实践表明，运动不足或长期拴系，会使公牛的性情变坏、精液品质下降、患肢蹄病和消化系统疾病等。②要求上、下午各运动一次，每次1.5～2 h，行走距离4 km左右。③运动方式有钢丝绳运动、旋转牵引、拉车或拉爬犁等。

(5)刷拭：刷拭是管理种公牛的重要操作项目之一。①要坚持每天定时进行刷拭1～2次，可安排在喂饲前进行，以免牛毛及尘土落入饲槽。②刷拭要细致，牛体各部位的尘土污垢要清除干净。③刷拭的重点是角间、额、颈和尾根部，这些部位易藏污垢，发生奇痒，如不及时刷拭，往往使牛不安甚至养成顶人的恶癖。

(6)按摩睾丸：按摩睾丸是特殊的操作项目。①每天坚持一次，与刷拭结合进行。②每次5～10 min。③为了改善精液品质，可增加一次，按摩时间可适当延长。

(7)护蹄：①应保持蹄壁和蹄叉的清洁。②对蹄形不正的牛要及时修削矫正。③为防止蹄壁破裂可涂凡士林或无刺激油脂。

(8)防暑：目前饲养的欧洲纯种肉牛品种，一般耐热性能较差，当气温上升到30℃以上时，往往会影响公牛精液品质，需采取防暑措施。夏季可进行洗浴，以防暑散热，同时清洁皮肤。

(三)种公牛的利用

合理利用公牛是保持健康和延长使用年限的重要措施，种公牛开始采精的年龄依品种、生长发育等而有所不同。要注意检查公牛的体重、体温、精液品质及性反射能力等，保持种公牛的健康。

(1)采精一般在18月龄开始，每月采2～3次，以后逐渐增加到每周2次。

(2)2岁以上每周采精2～3次。

(3)成年公牛每周4～5次。

(4)采精宜早晚进行，一般多在喂饲后或运动后0.5 h进行。

任务二 肉牛的肥育

一、育肥牛饲养管理

(一)育肥牛饲喂

1.饲喂时间

(1)早晚两头是喂牛的最佳时间。无论舍饲还是放牧牛每天采食最紧张的时刻，是在黎明和黄昏前后，尤其在黄昏采草频率最大。

(2)多数牛的反刍时间在黑夜进行，特别是天刚黑时，反刍活动最为活跃。因此在夜间应尽量减少干扰，使其充分消化粗饲料。

2.饲喂次数

(1)肉牛的饲喂可采用自由采食或定时定量饲喂两种方法。

(2)犊牛、架子牛自由采食的饲喂效果均优于定时定量饲喂；定时定量饲喂时，无论是增重还是饲料报酬，每天饲喂1次的效果均最理想。

(3)我国肉牛企业多采用每天饲喂2次的方法。

(4)自由采食牛可根据其自身的营养需求采食到足够的饲料，达到最高增重，并能有效节约劳动力，一个劳动力可管理100～150头牛，同时也便于大群管理，适合机械化、电子化管理。

(5)而采用定时定量饲喂时，限制了牛的生长发育速度。牛不能根据自身要求采食饲料。但粗饲料利用量高，饲料浪费少，并便于观察牛只采食、健康状况。

3.饲喂顺序

随着饲喂机械化程度越来越高，应逐渐推广全混合日粮(TMR)喂牛，提高牛的采食量和饲料利用率。

不具备条件的牛场，可采用分开饲喂的方法。

(1)为保持牛的旺盛食欲，促其多采食，应遵循“先干后湿，先粗后精，先喂后饮”的饲喂顺序。

(2)坚持少喂勤添、循环上料。

(3)要认真观察牛的食欲、消化等方面的变化，及时做出调整。

4.饲料更换

(1)在育肥牛的饲养过程中，随着牛体重的增加，各种饲料的比例也会有调整。

(2)在饲料更换时应采取逐渐更换的办法，应该有3～5 d的过渡期。

(3)在饲料更换期间，饲养管理人员要勤观察，发现异常，应及时采取措施。

5.饮水

(1)育肥牛采用自由饮水法最为适宜。

(2)在每个牛栏内装有能让牛随意饮到水的装置，位置最好设在牛栏粪尿沟的一侧或上方。

(3)冬季北方天冷，只能定时饮水，但每天至少3次。

6.新引进牛只的饲养

对新引进牛只饲养，重点是解除运输应激，使其尽快适应新的环境。

(1)及时补水：牛经过长距离、长时间的运输，胃肠食物少，体内缺水严重。因此对牛补水是首要的工作。补水方法是:①第1次补水,饮水量限制在15～20 kg,切忌暴饮,每头牛补人工盐100 g。②间隔3～4 h后,第2次饮水,此时可自由饮水,水中掺些麸皮效果会更好。

(2)日粮逐渐过渡到育肥日粮。①开始时,只限量饲喂一些优质干草,每头牛4～5 kg,加强观察,检查是否有厌食、下痢等症状。②第2天起,随着食欲的增加,逐渐增加干草喂量,添加青贮、块根类饲料和精饲料。③经5～6 d后,可逐渐过渡到育肥日粮。

(3)给牛创造舒适的环境。①牛舍要干净、干燥,不要立即拴系,宜自由采食。②围栏内要铺垫草,保持环境安静,让牛尽快消除倦躁情绪。

7.育肥期的分阶段饲养

育肥期分生长肥育阶段和成熟育肥阶段。

(1)生长肥育期饲喂方法:该阶段的重点是促进架子牛的骨骼、内脏、肌肉的生长。①饲喂富含矿物质、蛋白质、维生素的优质粗料、青贮饲料,保持良好生长发育的同时,使消化器官得到锻炼。②此阶段精饲料喂量要限制,喂量为架子牛活重的1.5%～1.6%。③该阶段日增重不宜追求过高,每头日增重0.7～0.8 kg为宜。

(2)成熟肥育期饲喂方法:架子牛经生长肥育期的饲养,骨骼已发育完好,肌肉也有相当程度的生长。因此,此期的饲养任务主要是改善牛肉品质,增加肌肉纤维间脂肪的沉积量。①肉牛日粮中粗饲料的比例不宜超过30%～40%。②日采食量达到牛活重的2.1%～2.2%。③在屠宰前100 d左右,日粮中增加大麦粉或饲喂啤酒糟,进一步改善牛肉品质。④肉牛生产过程中,最后脂肪的沉积程度,根据牛肉生产的需要来确定。高档牛肉生产,需要有足够的脂肪沉积。

(二)育肥牛管理

1.合理分群

(1)育肥前应合理分群:根据育肥牛的品种、体重大小、性别、年龄、体质强弱及膘情情况。

(2)采用圈群散养时,一群牛头数15～20头为宜。牛群过大易发生争斗,过小不利于劳动生产力的提高。

(3)临近夜晚时分群易成功,同时要有人不定时的观察,防止争斗。

2.及时编号

编号对生产管理、称重统计和防疫治疗工作都具有重要意义。

(1)编号可在犊牛出生时进行,也可在育肥前进行。

(2)采用易地育肥时,应在牛购进场后立即编号,并换缰绳。

(3)编号方法多采用耳标法。

3.定期称重

增重是肉牛生产性能高低的重要指标。为合理分群和及时了解育肥效果，要进行肥育前称重、肥育期称重及出栏称重。

(1)肥育期最好每月称重1次，既不影响育肥效果，又可及时挑选出生长速度慢甚至不长的牛，随时处理。

(2)称重一般是在早晨饲喂前空腹时进行，每次称重的时间和顺序应基本相同。

(3)由于实际称重较烦琐，所以生产中多采用估测法估测体重。

4.限制运动

(1)到肥育中、后期，每次喂完后，将牛拴系在短木桩或休息栏内。缰绳系短，长度以牛能卧下为宜，缰绳长度一般不超过80 cm，以减少牛的活动消耗，提高育肥效果。

(2)此期牛在运动场的目的，主要是接受阳光和呼吸新鲜空气。

5.每天刷拭牛体

为增加血液循环，提高代谢效率。

(1)坚持每天上、下午刷拭牛体各1次。

(2)每次刷拭5～10 min。

6.定期驱虫

寄生虫病加强预防尤为重要。寄生虫病的发生具有地方性、季节性流行特征，且具有自然疫源性。

(1)肉牛转入育肥期之前，应做一次全面的体内外驱虫和防疫注射。

(2)育肥过程中及放牧饲养的牛都应定期驱虫。

(3)外购牛经检查健康后方可转入生产牛舍。

表4-2为预防肉牛寄生虫病的用药程序，仅供参考。

表4-2 预防肉牛寄生虫病用药程序

时间	预防肉牛寄生虫病的用药程序
3月	丙硫咪唑口服，驱杀体内由越冬幼虫发育而成的线虫、吸虫及绦虫成虫。
5月	氨丙啉或磺胺喹啉口服，预防夏季球虫病发生。
6月	定期(可每周1次)用敌杀死等溶液喷雾进行环境消毒，以驱杀蚊蝇。
7月	丙硫咪唑口服，防治夏季线虫、吸虫及绦虫感染。
10月	阿维菌素口服或注服，预防当年10月至次年3月间牛的疥癣、虱等体外寄生虫病的发生，同时可杀灭体内当年繁殖的幼虫、成虫。

(4)寄生虫病的治疗，要采取“标本兼治，扶正祛邪”的原则，采用特效药物驱虫和对症治疗。

(5)使用驱虫、杀虫药物要剂量准确、对症。

(6)在进行大规模、大面积驱虫工作之前，必须先小群试验，取得经验并肯定其药效和安全性后，再开展全群的驱虫工作。

7.加强防疫、消毒工作

(1)每年春秋检疫后对牛舍内外及用具进行消毒。

(2)每出栏一批牛，都要对牛舍进行一次彻底清扫消毒。

(3)严格防疫卫生管理，谢绝参观。

(4)结合当地疫病流行情况，进行免疫接种。

8.适时去势

(1)现在，国际上育肥牛场普遍采用不去势公牛育肥。

(2)2岁前的公牛宜采取公牛肥育、生长快、瘦肉率高，饲料报酬高。

(3)2岁以上的公牛及高档牛肉的生产，宜去势后肥育，否则不便管理，会使肉脂有膻味，影响胴体品质。

(4)如需要去势，去势时间最好在育肥开始前进行。

无论有血去势还是无血去势，愈合恢复的时间大约在半个月，这期间牛的生长缓慢，而且只有正常恢复状况的牛只，方可进入育肥期。

9.及时出栏

及时出栏，对提高养殖经济效益及保证牛肉品质都具有极其重要的意义。判断肉牛是否达到最佳肥育结束期，一般有以下几种方法：

(1)从肉牛采食量来判断　在正常肥育期，肉牛的饲料采食量有规律可循，即：①绝对日采食量随着肥育期的增加而下降，如下降量达正常量的1/3或更少。②按活重计算，日采食量(以干物质为基础)为活重的1.5%或更少。这时认为已达到肥育的最佳结束期。

(2)用肥育度指数来判断　利用活牛体重和体高的比例关系来判断，指数越大，肥育度越好。据日本的研究认为，阉牛的肥育指数以526为最佳。具体计算方法：

$$\text{肥度指数} = \frac{\text{体重(kg)}}{\text{体高(m)}} \times 100\%$$

(3)从肉牛体型外貌来判断　利用肉牛各个部位脂肪沉积程度进行判断，主要部位有：①胸垂部脂肪的厚度。②腹肋部脂肪的厚度。③腰部脂肪的厚度。④坐骨部脂肪的厚度。⑤下肷部内侧、阴囊部脂肪的厚度。

判断的标准:①必须有脂肪沉积的部位是否已有脂肪及脂肪量的多少。②脂肪不多的部位如坐骨端、腹肋部、腰角部沉积的脂肪是否厚实、均衡。实践证明,当胴体皮下脂肪的厚度达到 3.5 cm 时,肉的大理石花纹等级最高,即肉的质量最好。

二、肉牛肥育措施

(一)小白牛肉生产

所谓小白牛肉,是指犊牛从出生到出栏,经过 90～100 d,完全用脱脂乳或代用乳饲养,不喂任何其他饲料,让牛始终保持单胃(真胃)消化和贫血状态(食物中铁含量少),体重达 100 kg 左右屠宰后获得的牛肉。

牛肉呈白色,柔嫩多汁,味道极为鲜美,是牛肉中的上品。

其价格是一般牛肉的 8～10 倍。因小白牛肉生产成本过高,目前我国生产还很少。

其生产的具体方法是:

1.犊牛选择

(1)犊牛要选择优良的肉用品种、乳用品种、兼用品种或高代杂交牛所生的公牛犊。

(2)要求初生重为 38～45 kg,生长发育快,身体健康,消化吸收功能强。

2.育肥技术

(1)犊牛出生后 1 周内,一定要吃足初乳。

(2)出生 3 d 后应与母牛分开,实行人工哺乳,每日哺喂 3 次。

(3)近年来多采用代乳粉(严格控制其中含铁量)饲喂,以降低生产成本。育肥期平均日增重 0.8～1.0 kg。

饲养方案见表 4-3。

表 4-3 小白牛肉饲养方案 kg

日龄	日喂乳量	需乳总量	日增重
1～30	6.4	192.0	0.80
31～45	8.8	133.0	1.07
46～100	9.5	513.0	0.84

3.管理技术

(1)牛栏多采用漏粪地板,不要接触泥土。

(2)圈养,每栏 10 头,每头占地 2.5～3.0 m^2。

(3)舍内要求光照充足,干燥,通风良好,温度在15～20℃。

(二)小牛肉生产

小牛肉是犊牛出生后饲养至7～8月龄或12月龄以前,以乳为主,辅以少量精料培育,体重达到250～400 kg屠宰后获得的牛肉。小牛肉是理想的高档牛肉,发展前景十分广阔。

小牛肉分大胴体和小胴体。犊牛育肥至6～8月龄,体重达到250～300 kg,屠宰率58%～62%,胴体重130～150 kg称为小胴体。如果育肥至8～12月龄屠宰活重达到350 kg以上,胴体重200 kg以上,则称为大胴体。牛肉品质要求多汁,肉质呈淡粉红色,胴体表面均匀覆盖一层白色脂肪。

生产的具体方法是:

1.犊牛选择

在我国还没有专门化肉牛品种。

(1)选择早期生长发育速度快的牛品种,如肉用牛的公犊和淘汰母犊。

(2)应选择荷斯坦奶牛公犊和肉用牛与本地牛高代杂交犊牛为主。

(3)性别以公犊牛为佳,不去势,要求初生重在35 kg以上,健康无病,无缺损。

2.育肥技术

小牛肉生产实际是育肥与犊牛的生长同期。

(1)犊牛出生后3 d内可以采用随母哺乳,也可以采用人工哺乳。

(2)出生3 d后必须改由人工哺乳。

(3)1月龄内按体重的8%～9%喂给牛奶。

(4)精料量从7～10日龄开始练习采食后逐渐增加到0.5～0.6 kg,青干草或青草任其自由采食。

(5)1月龄后喂奶量保持不变,精料和青干草则继续增加,直至育肥到6月龄为止。可以在此阶段出售,也可继续育肥至7～8月龄或1周岁出栏。

(6)出栏时期的选择,根据消费者对小牛肉口味喜好的要求而定。

3.管理技术

(1)犊牛在4周龄前要严格控制喂奶速度、奶温(37～38℃)及奶的卫生等,以防消化不良或腹泻。

(2)5周龄以后可拴系饲养,减少运动,每日晒太阳3～4 h。

(3)夏季要防暑降温,冬季室内饲养(最佳温度18～20℃)。

(4)每天应刷拭一次,保持牛体卫生。

(5)犊牛在育肥期内每天喂2～3次,自由饮水,夏季饮凉水,冬季饮20℃左右温水。饲养方案见表4-4。

表 4-4　小牛肉饲养方案　kg

周龄	始重	日增重	日喂乳量	配合饲料喂量	青干草喂量
0～4	50	0.95	8.5	自由采食	自由采食
5～7	76	1.20	10.5	自由采食	自由采食
8～10	102	1.30	13.0	自由采食	自由采食
11～13	129	1.30	14.0	自由采食	自由采食
14～16	156	1.30	10.0		自由采食
17～21	183	1.35	8.0		自由采食
22～27	232	1.35	6.0		自由采食
合计			1 088		300

（三）架子牛肥育

架子牛通常是指未经育肥的或不够屠宰体况的牛。架子牛肥育是目前我国肉牛育肥的主要方式。

1.架子牛的选择

在选择架子牛时要考虑品种、年龄、体重、性别、体质外貌、健康状况及市场价格等因素。牛肥育前的状况与肥育速度和牛肉品质关系很大，是确保肥育效率的首要环节。

(1)品种　应选择肉用牛的杂交后代，这类牛增重快，瘦肉多，脂肪少，饲料转化率高。如夏洛来、利木赞、西门塔尔、海福特、皮埃蒙特牛等与本地牛的杂交后代，或秦川牛、晋南牛、南阳牛、鲁西牛等地方良种黄牛。

(2)年龄和体重　牛的增重速度、胴体质量、饲料报酬均与牛的年龄密切相关。①架子牛的年龄最好是 1.5～2.0 岁。②架子牛的体重一般以 12～18 月龄、体重在 300 kg 左右较好。

究竟购买什么年龄的牛饲养较为合适，还要与以下几方面结合考虑：①计划饲养 100～150 d 出售的，应选择 1～2 岁的架子牛。②秋天购架子牛第二年出栏的，应选购 1 岁左右的牛较合适。③利用大量粗饲料育肥牛时，以购 2 岁左右的牛为好。

另外，育肥牛的基础体重选择，还要充分考虑育肥计划。①如计划肥育周期为 4 个月，选择牛只平均预期日增重 1.2 kg，则可算出预期增重为：4×30×1.2＝144(kg)。②如要求出栏体重达到 500 kg 以上，则所购架子牛的体重至少达到：500－144＝356(kg)。

(3)性别　①选择性别顺序依次为：公牛、阉牛、母牛。②因为公牛的生长速度和饲料利用率要高于阉牛5%～10%，阉牛高于母牛10%左右。③再者，公牛有较多的瘦肉和较大的眼肌面积，而阉牛和母牛脂肪较多。

(4)体型外貌　育肥牛选择要以骨架选择为重点，而不过于强调其膘情的好坏。具体要求：①嘴阔、唇厚，上、下唇对齐，坚强有力，采食能力强。②体高身长，胸宽而深，尻部方正，背腰宽广，后裆宽，十字部略高于体高，载肉面积大。③皮肤松弛柔软，皮毛柔软密实，牛生长潜力大。④四肢粗壮，蹄大有力，性情温顺。⑤身体健康，身体虽有一定缺陷，但不影响其采食，消化正常，也可用于肥育生产。⑥发育虽好，但性情暴躁、富有神经质的牛，饲料利用率低，不宜入选。

(5)健康状况　架子牛的健康状况要从以下几个方面加以注意。①精神状态：健康状况不佳的牛，眼角分泌物多，胆小易惊，精神不振，行动倦怠，两眼无神，鼻镜干燥。不宜选购。②发育情况：说明早期可能生过病或有慢性病，生长发育受阻；被毛粗乱，体躯短小，浅胸窄背、尖尾，表现出严重饥饿，营养不良。不宜选购。③肢蹄：a. 看牛站立和走路的姿势，检查蹄底。b. 若出现肢蹄疼痛，肢端怕着地，抬腿困难，前肢、后肢表现明显的"X"形或"O"形，或蹄匣不完整，要谨慎选购。c. 当拴系饲养，地面较硬时，该病可导致牛中途淘汰。④其他疾病：初步确立是否患有消化道疾病等要观察牛的采食、排便、反刍等。

(6)市场调查　①了解市场牛源、品种、价格和疫区情况，选择合适的地点，且要价格合理。②为了保证架子牛采购工作的顺利进行，育肥场应安排专人负责这项工作。

2. 架子牛的运输

(1)牛在异地运输过程中，要证件齐全，如准运证、税收证、兽医卫生健康证(包括非疫区证明、检疫证)等。

(2)要注意运输应激的预防。①做到装运前合理饲喂，具有轻泻性的饲料要在装运前3～4 h停喂。②不能过量饮水。③装运过程中切忌粗暴行为。④可在运输前服用药物，以减少应激反应的发生。此法在短途运输中效果更好。见表4-5。

表4-5　运输前减少应激服药方法

时间	服用药物
运输前2～3 d	每头牛每天口服或注射维生素A 25万～100万IU。
装运前	肌肉注射2.5%的氯丙嗪，每100 kg活重的剂量为1.7 mL。

3. 架子牛肥育的方法

根据各地饲料资源不同，可采用不同的肥育方案。

(1)青贮料肥育　青贮料适用于青年牛、成年牛的催肥,肥育效果好。

以青贮饲料为主的体重为300～350 kg、日增重1.0 kg的青年牛日粮配方,见表4-6。①由于玉米青贮在日粮中分量大,饲喂中要从10 kg开始,经1周时间逐步达到计划定量。②增重的高低取决于混合精料中豆饼(也可用棉籽饼、菜籽饼代替)的比例,如精料中豆饼占50%以上,日增重可达1.2 kg以上。

表4-6　青年牛青贮饲料为主的日粮配方　kg

饲料	第一阶段(30 d)	第二阶段(30 d)	第三阶段(30 d)
玉米青贮	30	30	25
干草	5	5	5
混合精料	0.5	1.0	2.0
食盐	0.03	0.03	0.03
无机盐	0.04	0.04	0.04

(2)酒糟肥育　酒糟育肥牛是我国的传统方法。

用酒糟喂牛应注意的事项:①酒糟要新鲜,温度适中。②酒糟喂量要逐渐增加,开始时可用少量酒糟拌入少许食盐涂抹牛的口腔,以诱食。③干草要铡短,将酒糟拌入,一起让牛采食,有利于牛的反刍。④要定期补盐,以刺激牛的食欲。⑤饲喂顺序应先喂酒糟,再喂精料,精料在七八成饱时拌入,以保证其旺盛的食欲和饱食。⑥如发现牛体出现湿疹,膝部、球关节红肿、腹部膨胀等症状,应暂停喂给。⑦适当增加干草喂量,以调整其消化机能。

现有两方案供参考:

方案一:选择体重300 kg左右的牛,整个育肥期分三个阶段。日粮配方见表4-7。

表4-7　酒糟育肥日粮组成　kg

育肥阶段	饲料配合比例
第一阶段(15～20 d)	酒糟15 kg、干草2.5 kg、玉米面1 kg、尿素50 g,每5 d喂一次食盐,每次50 g。
第二阶段(30 d)	酒糟12.5 kg、干草3.5 kg、玉米面1 kg、尿素50 g,每5 d喂一次食盐,每次50 g。
第三阶段(后期45 d)	酒糟22.5 kg、干草2.0 kg、玉米面1 kg、尿素22.5 g,食盐每天一次,每次50 g。

方案二:河北省三河市"养牛大王"李福成白酒糟肥牛方案。日粮配方见表4-8。

表 4-8 酒糟育肥牛日粮组成 %

饲料种类	前期(20～30 d)	中期(40～60 d)	后期(20～30 d)
玉米	25	44	59.5
麦麸	4.5	8.5	7
棉籽饼	10	9	3.5
骨粉	0.3	0.3	—
贝壳粉	0.2	0.2	—
白酒糟	49	28	21
玉米秸秆	11	10	9

①育肥牛精饲料给量为每日每头每 100 kg 体重 1～1.5 kg。②日粮中添加 0.002%～0.003%的瘤胃素及 0.5%的碳酸氢钠。③每日每头喂 2 万 IU 维生素 A 及 50 g 食盐,以提高牛的食欲和消化能力。

(3)混合精料育肥　即用高能日粮强度育肥。①谷实类饲料催肥在我国只可短期采用,多用于出栏前的强度肥育和改善肉质,用于大型良种及改良牛效果较好。②一般黄牛品种饲料报酬低,不宜采用混合精料育肥。③精饲料的添加要逐渐进行,注意观察牛的消化情况,防止膨胀和腹泻。

方案举例:选择 1.5～2 岁、体重 300 kg 左右的架子牛,混合精料配比为:玉米 75%～80%,麦麸 5%～10%,豆饼 10%～20%,食盐 1%～2%,添加剂 1%。育肥阶段给料见表 4-9。

表 4-9 混合精料育肥

育肥阶段	饲料添加
第一阶段(15～20 d)	精、粗比为 40∶60,精饲料日给量 1.5～2.0 kg。
第二阶段(40～50 d)	精、粗比为(60～70)∶(40～30),精饲料日给量 3.0～4.0 kg。
第三阶段(30～40 d)	精、粗比为(70～80)∶(30～20),精饲料日给量 4.0 kg。

氨化秸秆肥牛、甜菜渣肥牛、放牧肥牛等,也是肉牛肥育的好方法,在适宜的地区也应大力提倡和推广。

(四)成年牛肥育

1. 成年牛的特点

用于肥育的成年牛往往是肉用母牛群中的淘汰牛、奶牛、役牛。这类牛一般年龄较大,肉差质,产肉率低。经过肥育,增加肌肉纤维间的脂肪沉积,以改善肉的嫩度和味道。

2.成年牛的肥育

(1)健康检查　肥育前要进行全面检查,剔除患消化道疾病、过老、无齿、采食困难、传染病的牛只。

(2)驱虫　在育肥前,要有针对性地进行驱虫。老年牛的体内外寄生虫较多。

(3)健胃　经过驱虫,为增进食欲,促进消化。对食欲不旺、消化不良的牛,需投服健胃药。

(4)育肥期限　最好进行舍饲强度育肥。成年牛育肥期限以60～90 d为宜。

(5)饲料选择　①成年牛主要是增加体内脂肪的沉积,日粮以能量饲料为主,其他营养物质只要满足基本生命活动的需要即可。②一般日粮精料配方为玉米72%,油饼类15%,糠麸8%,矿物质5%。③混合精料的日喂量以体重的1%为宜。④粗饲料以青贮玉米或氨化秸秆为主,任其自由采食。⑤精料要磨碎或蒸煮处理。⑥日粮中可补饲一定量的尿素。

(6)饲养技术　①对膘情较差的牛,可先用增重较低的营养物质饲喂,使其适应肥育日粮。②经过1个月的复膘后再提高日粮营养水平,这样可避免发生消化道疾病。③附近有草坡、草场或野地的,在青草期可先将瘦牛放牧饲养,利用青草使牛复壮,然后再进行肥育,这样可节省饲料,降低成本。

三、高档牛肉生产

高档牛肉一般包括牛柳、西冷和眼肉。高档牛肉生产技术要点主要包括高档肉牛肥育技术,高档牛肉冷却配套技术,分割技术操作规程和冷却保鲜技术等方面。

(一)高档牛肉的标准

(1)活牛　①年龄在30月龄内。②屠宰前活重在500 kg以上。③膘情满膘(即看不到骨头突出点)。④体形外貌为长方形,腹部不下垂,头方正而大,四肢粗壮,蹄大,尾根下平坦无沟,背平宽;手触摸肩部、胸垂部、背腰部、上腹部、臀部皮较厚,并有较厚的脂肪层。

(2)胴体　①胴体体表覆盖的脂肪颜色洁白。②胴体体表脂肪覆盖率80%以上。③胴体外形无严重缺损。④第12～13肋骨处脂肪厚10～20 mm,脂肪坚挺。

(3)牛肉的品质　①嫩度:a.用肌肉剪切仪测定的剪切值,3.62 kg以下的,出现次数应在65%以上。b.咀嚼容易,不留残渣,不塞牙。c.完全解冻的肉块,用手指触摸时,手指易进入肉块深部。②大理石花纹:根据我国试行的大理石花纹分级标准应为1级或2级。③其他性状:a.多汁性,牛肉的质地松软,多汁而味浓。b.风味,具有我国牛肉鲜美可口的风味。c.肉块重量,每条牛柳2.0 kg以上,每条西冷 5.0 kg 以上。d. 每块眼肉 6.0 kg 以上。

（二）高档肉牛肥育要点

1. 选择优良品种

(1)品种的选择是高档牛肉生产的关键之一。

(2)生产高档牛肉：①最好的牛源是专门化肉用品种或西门塔尔等乳肉兼用品种以及它们与本地黄牛的杂交后代如安格斯、利木赞、夏洛来、皮埃蒙特等。②秦川牛、南阳牛、鲁西牛、晋南牛等地方良种也可作为生产高档牛肉的牛源。

2. 年龄与性别要求

(1)生产高档牛肉最佳的开始肥育年龄为 12～16 月龄。

(2)终止育肥年龄为 24～27 月龄。

(3)超过 30 月龄以上的肉牛，一般生产不出最高档的牛肉。

(4)性别以阉牛最好，阉牛虽然不如公牛生长快，但其脂肪含量高，胴体等级高于公牛，而又比母牛生长快。

(5)其他方面的要求以达到一般肥育肉牛的最高标准即可。

3. 肥育期和出栏体重

生产高档牛肉的牛，肥育期不能过短。育肥高档肉牛既要求控制牛的年龄，又要求达到一定的宰前体重，两者缺一不可。

(1)一般为 12 月龄牛的肥育期为 8～9 个月。

(2)18 月龄牛肥育期为 6～8 个月。

(3)24 月龄牛肥育期为 5～6 个月。

(4)出栏体重应达 500 kg 以上，否则牛肉的品质就达不到应有的级别。

4. 强度肥育

(1)用于生产高档牛肉的优质肉牛必须经过 100～150 d 的强度肥育。

(2)犊牛及架子牛阶段可以放牧饲养，也可以围栏或拴系饲养，在这一阶段，日粮以粗饲料为主，精料占日粮的 25%左右，日粮中粗蛋白质含量为 12%。

(3)最后阶段必须经过 100～150 d 的强度肥育，日粮以精料为主。此期间所用饲料必须是品质较好的，对胴体品质有利的饲料。

5. 胴体脂肪颜色

(1)高档肉牛胴体脂肪要求为白色。

(2)一般肥育法为黄色，原因是粗饲料中含有较多的叶黄素，其与脂肪附着力强。

(3)控制黄脂的方法：一是减少粗饲料。二是应用饲料热喷技术，以破坏叶黄素。

(4)脂肪色泽等级按颜色浅深分为9个等级,其中脂肪色为一、二两级为最好。

6.饲养与饲料

高档牛肉生产对饲料营养和饲养管理的要求较高。

(1)1岁左右的架子牛阶段可多用青贮、干草和切碎的秸秆,当体重300 kg以上时逐渐加大混合精料的比例。

(2)最后2个月要调整日粮:①不喂含各种能加重脂肪组织颜色的草料,如大豆饼(粕)、黄玉米、南瓜、胡萝卜、青草等。②多喂能使脂肪白而坚硬的饲料,如麦类、麸皮、麦糠、马铃薯和淀粉渣等。③粗料最好用含叶绿素、叶黄素较少的饲草,如玉米秸、谷草、干草等。④提高营养水平,增加饲喂次数,使日增重达到1.3 kg以上。

(三)屠宰工艺

1.宰前处理

(1)屠宰前先进行检疫。

(2)停食24 h,停水8 h。

(3)称重。

(4)用清水冲淋洗净牛体,冬季要用20～25℃的温水冲淋。

2.屠宰的工艺流程

电麻击昏→屠宰间倒吊→刺杀放血→剥皮(去头、蹄和尾)→去内脏→胴体劈半→冲洗、修整、称重→检验→胴体分级编号。

测定相关屠宰指标后进入下道工序。

(四)胴体嫩化处理

(1)牛肉嫩度是高档与优质牛肉的重要质量指标。

(2)嫩化处理又叫排酸或成熟处理,是提高嫩度的重要措施,其方法是:①在专用嫩化间,温度0～4℃。②相对湿度80%～85%。③吊挂7～9 d(称吊挂排酸)。

这样牛肉经过充分的成熟过程,在肌肉内部一些酶的作用下发生一系列生化反应,使肉的酸度下降,嫩度极大提高。

(五)胴体分割与包装

(1)严格按照操作规程和程序,将胴体按不同档次和部位进行切块分割,精细修整。

(2)高档部位肉有牛柳(里脊)、西冷(外脊)和眼肉(牛体背部,一端与外脊相连,另一端在第5～6胸椎间)3块,均采用快速真空包装,然后入库速冻,也可在0～4℃冷藏柜中保存销售。

四、提高肉牛肥育效果的措施

(一)一般措施

(1)选择育肥潜力大的个体,如杂交品种、公犊、适宜的年龄、良好的体型外貌等。

(2)合理的日粮配方和饲养方案。

(3)创造良好的育肥环境,抓住肥育的有利季节,在四季分明的地区,春秋季育肥效果好,牧区肉牛出栏以秋末为佳,冬季育肥要注意防寒。

(4)加强防疫与检疫,保证身体健康。

(二)非蛋白质含氮料的应用

非蛋白质含氮料主要包括尿素、碳铵等。

牛可利用非蛋白氮(NPN)中的氮素,合成大量优质菌体蛋白,成为其蛋白质营养的重要来源之一,因此,饲料中添加少量非蛋白氮,可大量节省蛋白质饲料,降低成本。尿素是应用最广、最早的一种非蛋白氮饲料。

1.尿素的使用方法

最常用的方法,是将精饲料与尿素均匀混合后饲喂。此外还有做成糊化淀粉尿素、砖舐剂及尿素青贮、尿素喷洒草场等方法。

(1)直接与精料混合　①先将尿素溶于少量水溶解,然后拌于精料中,搅拌均匀。②按照体重计,每 100 kg 体重喂 20～30 g。③按精料计算占 2%～3%。④按日粮干物质计,则为 1%。⑤生长肉牛的最大日喂量为 68 g,肥育肉牛的最大日喂量不超过 100 g。

(2)尿素砖　①同饲料盐砖一样,用尿素做成砖块,让牛自由舔食,是放牧条件下补充蛋白质的一种简易方法。②尿素盐块的成分构成是:尿素 40%、食盐 47.5%、糖蜜 10%(提高适口性)、磷酸钠 2.5%和少量的钴。③牛在采食干草后往往立即舔食尿素盐砖,每日舔食量:a.2 岁牛约 200 g。b.1 岁牛约 120 g。④在夏季青草放牧季节,喂舔剂的牛增重较快。⑤为了使尿素水解速度不致过快,尿素砖最好放在离水源较远的地方。⑥尿素砖应避免雨淋或变软,否则会使牛采食过多。

(3)糊化淀粉尿素　淀粉能有效地帮助瘤胃微生物将氨转化为蛋白质,其中,熟淀粉比生淀粉效果更好。因为糊化淀粉可以为瘤胃微生物合成菌体蛋白质提供必要的能量和碳架支持。根据这一原理,研制成功了一种糊化淀粉尿素。制作方法是:①将粉碎的高淀粉谷物饲料(如玉米、高粱等,占 75%)与尿素(占 25%)混合。②通过一个特制的挤压锅,在一定湿度、温度和压力下,使淀粉糊化,尿素扩展在其中。该方法可以使淀粉接近于完全糊化。

2.添加尿素时应注意的问题

在肉牛饲料中添加尿素时，要注意提高牛对其利用率的同时避免氨中毒。

实际生产中要注意以下几个方面：

(1)为稳定瘤胃氨的浓度，避免浪费或中毒，每天饲用的尿素总量要分多次饲喂，每次喂量不可过大。

(2)为避免尿素直接流入皱胃，引起中毒。尿素不能单饲喂或溶于水中饲喂，喂后 2 h 不能饮水。

(3)精料中添加尿素饲喂时，不能同时喂生豆饼，因豆饼中含有脲酶，在有水的情况下，加速尿素分解，造成损失。

(4)尿素喂量由少至多逐渐增加，应有 2～3 周的过渡期。

(5)由于尿素适口性差，因此，最好将尿素加在混合精料内饲喂，或者同淀粉类饲料、食盐等矿物质饲料制成尿素矿物质饲料砖，供牛舔食，或制成含尿素 0.5% 左右的青贮玉米料饲喂。

(6)日粮配合应合理。日粮中能量水平高、蛋白质水平低(低于 12%)时添加非蛋白氮效果好，而当日粮中蛋白质水平超过 14%时，添加后效果不明显。

(7)尿素安全用量不要超过日粮干物质的 1%。500 kg 左右的成年牛的喂量，每天 150 g 左右(按 20～30 g/100 kg 体重计算)，并且要混合均匀。

(8)尿素只能在瘤胃机能成熟后添加。犊牛不能饲喂非蛋白质含氮料。过早添加易引起尿素中毒。

(9)喂后应注意观察。牛喂尿素一般不会发生中毒，但如果饲喂方法不当则可能发生。对中毒的牛只，应立即停喂尿素，并及时抢救。

值得一提的是，尿素虽然是一种很好的蛋白质补充料，可以为牛提供氮素，但却不能提供其他营养。因此，利用尿素补充蛋白质时，必须同时补充能量、矿物质和维生素，才能收到应有的效果。

(三)饲料添加剂的应用

1.瘤胃素

(1)瘤胃素的有效成分为瘤胃素钠盐，是目前国内外广泛使用的肉牛饲料添加剂之一，无残留，无须停药期。

(2)它的作用机理是：通过减少瘤胃甲烷气体能量损失和饲料蛋白质降解及脱氨损失，控制和提高瘤胃发酵效率，发挥最高的饲料报酬。

(3)放牧肉牛及粗饲料为主的舍饲牛，每头每日添加 150～200 mg，日增重比对照组提高 13.5%～15%，每千克增重减少饲料消耗 7.5%。

(4)添加方法：每头牛每日喂量为50～360 mg，常用量为100～200 mg，360 mg为最高剂量。全价日粮，每千克精料混合料添加40～60 mg。具体饲喂时，应有一周的过渡期，即1～7 d，每头每日饲喂60 mg瘤胃素钠，8 d后剂量逐渐加大，渐渐达到标准规定量。

2. 微量元素

(1)微量元素如铁、锌、锰、铜、钴、碘、硒等需通过添加剂补充。

(2)育肥肉牛每千克日粮干物质中微量元素添加量为：硫酸铜32 mg，硫酸亚铁254 mg，硫酸锌135 mg，硫酸锰128 mg，氯化钴0.42 mg，碘化钾0.67 mg，亚硒酸钠0.46 mg。

(3)使用微量元素添加剂时，要根据饲料中微量元素余缺情况，确定添加剂的种类和数量。添加时一定要与饲料混合均匀。

3. 维生素

(1)使用维生素添加剂时，应注意其稳定性和生物学效价，妥善保存，避免失效。

(2)大量饲喂青绿饲料时，可考虑少添或不添维生素添加剂。

(3)在以黄干秸秆为主要粗料，无青绿饲料或用酒糟育肥牛时，要注意维生素A、维生素D、维生素E的补充。

(4)因为牛机体自身能够合成维生素B、维生素K及维生素C，因此，除犊牛外，日粮中不用额外添加上述维生素。

(5)每千克肉牛日粮干物质维生素添加量为：维生素A添加剂(含20万IU/g)14 mg，维生素D_3添加剂(含1万IU/g)28 mg，维生素E(含20万IU/g)0.38～3 g。

(6)烟酸(尼克酸)对肉牛的生产性能也有较大影响。肉牛每千克日粮干物质中可添加100 mg，有利于提高日增重和饲料转化率。

4. 缓冲剂

(1)当给牛饲喂大量能产酸的饲料，如精料以及含酸量大的饲料如酒糟、青贮等时，会影响体内酸碱平衡和食欲，瘤胃微生物的活力也会被抑制，降低对饲料的消化利用率，严重的会导致瘤胃酸中毒。

(2)常用的缓冲剂是碳酸氢钠(小苏打)和氧化镁。

(3)可单独添加，小苏打用量为占精料的1%～2%，氧化镁为0.3%～0.6%，也可同时添加。

5. 氨基酸添加剂

(1)在饲料中经常使用的氨基酸添加剂主要有赖氨酸、蛋氨酸。它们已被广泛用于家禽和养猪业，用于反刍动物才刚刚开始。

（2）牛因其消化生理上的特点，氨基酸如果直接添加到饲料中，就会在瘤胃被微生物分解成氨态氮，起不到添加氨基酸的作用，造成资源的浪费。

（3）氨基酸添加剂可以用于犊牛的代乳品或开食料中，并取得良好的促生长效果。

（4）对于成年牛或育肥牛的氨基酸添加剂必须用特殊的方法补加才能见效。将氨基酸用保护剂处理，使它们在瘤胃中不受微生物的分解，顺利到达小肠被吸收利用。

目前市场已有经保护处理的氨基酸产品。

6.中草药饲料添加剂

我国地域辽阔，中草药资源十分丰富，利用中草药饲料添加剂具有得天独厚的条件。现在已知有100多种中草药可以作为饲料添加剂。中草药饲料添加剂，不但可以补充营养，另外还有简便价廉、功能多样、无毒副作用、无抗药性等优点。

7.激素类增重剂

我国及世界上多数国家已经禁止使用。我国禁止在饲料和动物饮水中使用的药物品种目录详见农业部公告[2002]第176号。

思考讨论

1.肉牛的生长发育具有一定规律性，在实际生产过程中应怎样利用这一规律？

2.肉牛各阶段的饲养管理重点是什么？

3.育肥牛饲养管理的一般技术有哪些？

4.肉牛的育肥方法有哪几种？各种方法的技术要点分别是什么？

5.影响肉牛肥育效果的因素有哪些？

6.结合理论学习和现场实习，谈谈应如何选购架子牛。

项目五　牛场防疫消毒与常见病防治

【能力目标】

基本掌握牛的临床诊断技术。能正确制定牛场的防疫计划。初步具备治疗牛常见疾病的能力。

【知识目标】

了解牛的牛场防疫和消毒及牛疾病检查的一般内容和基本方法。理解和掌握牛常见疾病的临床症状及诊断要点。

【重点和难点】

重点:牛场的环境消毒。

难点:牛场的免疫程序制定、实施。

【项目说明】

项目概述:保证牛的健康是使养牛生产顺利进行和提高生产效益的一项重要措施。因此,必须加强日常的饲养管理和搞好保健工作。牛场防疫和消毒工作的原则是防重于治,治疗相对于个体来讲是必要的,但就群体而言,预防则是控制疾病的最好方法。治疗病牛应看作只是在一定程度上相对减少损失的工作。牛场消毒、牛场免疫、驱虫,是控制传染性疾病流行的重要措施。必须在各个阶段都严格实行,防患于未然,将大大降低牛场的生产成本。

项目载体:养牛场、牛场药房、各类用药记录、牛场内实训室(配有多媒体)。

技术流程:

牛场防疫和消毒→牛疾病诊断→牛常见病防治

项目开展的依据：

任务	工作依据及资讯	工作页
5-1　牛场防疫和消毒	牛场的卫生要求与消毒制度	5-1
5-2　牛疾病诊断基本技术	牛疾病诊断方法	5-2
5-3　牛常见疾病的防治措施	牛常见病防治措施	5-3

任务一　牛场防疫和消毒

一、牛场的卫生要求

牛场的环境卫生状况及病原体的污染程度与牛群健康有直接关系。

(1)牛场一定要经常清除场内杂草、污水、粪便及垃圾等,并根据需要进行定期消毒,使牛场保持良好的卫生环境。

(2)要加强牛体的刷拭,注意保持牛体卫生。

(3)牛场工作人员要注意个人卫生,上下班一定要更换工作服和鞋。牛场内的土质和水源一定要符合卫生标准。

二、牛的防疫

(一)严格执行卫生防疫制度

一定要加强对牛传染病的认识,掌握传染病的流行规律,增强控制预防的主动性。

牛场应贯彻“预防为主,防重于治”的卫生防疫方针,它对保障牛只健康生长发育及高产具有重要意义。尤其对于规模化养牛场更是如此,一旦疫病流行,将会造成巨大的经济损失。

具体方法如下:

(1)严格执行国家和地方政府制定的有关畜禽防疫卫生条例。

(2)奶牛场门口或生产区出入口,应设有消毒池,池内保持有效消毒液,保证出入人员及车辆做好消毒工作。

(3)外来人员不得随意进入生产区;疫病流行期间,非生产人员不得进入生产区。

(4)奶牛场新员工必须经健康检查,证实无结核病及其他传染性疾病。老员工每年必须进行一次健康检查,如患传染性疾病时,应及时在场外治疗。结核病恢复期仍需服药者，不得进入生产区。

(5)奶牛舍和运动场每个季度要大扫除、大消毒一次。如牛舍、运动场和通道等可用0.5%的过氧乙酸、2%～3%的火碱消毒；空气用福尔马林熏蒸或用过氧乙酸消毒；工具、衣物等用0.1%的新洁尔灭或10%的漂白粉消毒。每年春、夏、秋季要进行大范围灭蚊蝇及吸血昆虫活动。病牛舍、产房及隔离牛舍每天要进行清扫和消毒。

(6)根据免疫程序按时预防接种疫苗。疫苗种类、接种时间、剂量应按免疫程序进行操作。

(7)奶牛场要配合检疫部门做好每年两次全群牛的结核病检疫、一次布氏杆菌病检疫和上级兽医防疫卫生部门认为必需的检疫。

(8)外购的牛只应持有畜牧检疫部门的健康检疫证明，并经隔离观察和检疫，确认无传染病时，方可并群饲养。同时，患传染病的牛严禁调出或出售。

(9)奶牛场内不得屠宰牛只，死亡牛只应交由专人剖检，并作无害化处理。尸体接触之处和运送尸体后的车辆要做好清洁及消毒工作。

(10)奶牛场内禁止饲养其他畜禽，禁止将市购活畜禽及其产品带入场区。

(二)牛场一般防疫消毒设施

消毒的目的在于消灭牛体表面、设备器具及场内的病原微生物，切断传播途径，防止疾病发生或蔓延，保证奶牛健康和正常的生产。牛场一般防疫消毒设施有：

1.消毒池

(1)在奶牛饲养区进口处设消毒池(图5-1)。消毒池构造应坚固，并能承载通行车辆的重量。

(2)消毒池一般为长3.8 m、宽3 m、深0.1 m，地面平整，耐酸、耐碱，不透水。

(3)消毒池如仅供人和自行车通行，可采用药液湿润，踏脚垫放入池内进行消毒，其大小为：长2.8 m、宽1.4 m、深0.05 m，池底有一定坡度，并设有排水孔。

图5-1 消毒池

2.消毒室

室内安装紫外线灯，距离地面约 2 m，以紫外线有效消毒距离 2 m 计算所需紫外线灯的数量，消毒时间一般 30 min 即可。

3.隔离舍

(1)用于观察和治疗病牛。

(2)隔离舍应建在牛场的下风处和低洼处，墙壁应用水泥抹至 1.5 m 处，地面亦应为水泥结构，以利于消毒处理。

4.高压蒸汽灭菌器

凡耐高温、不怕潮湿的物品，如各种培养基、溶液、玻璃器皿、金属器械、敷料、橡皮手套、工作服等均可用此设备进行灭菌。

(三)免疫接种

(1)有计划地给健康牛群进行免疫接种，可以有效地抵抗相应传染病的侵害。

(2)为使免疫接种达到预期的效果，必须掌握本地区传染病的种类及其发生季节、流行规律，了解牛群的生产、饲养、管理和流动等情况，以便根据需要制订相应的防疫计划，适时地进行免疫接种。

(3)在引入或输出牛群、施行外科手术之前，或在发生复杂创伤之后，应进行临时性免疫注射。

(4)对疫区内尚未发病的动物，必要时可做紧急免疫接种，但要注意观察，及时发现被激化的病牛。

牛常用疫苗及免疫程序见表 5-1。

表 5-1　牛常用疫苗及免疫程序

疫病种类	疫苗名称	用法与用量	免疫期	注意事项
口蹄疫	口蹄疫弱毒疫苗	春秋两季各用与流行毒株相同血清型的口蹄疫弱毒疫苗接种一次，肌肉或皮下注射，1～2 岁牛 1 mL，2 岁以上牛 2 mL。本疫苗残余毒力较强，能引起一些幼牛发病。因此，1 岁以下的小牛不要接种。对猪也有致病力，故不得使用本苗给猪免疫。	注射后 14 d 产生免疫力，免疫期 4～6 个月。	接种本苗的牛、羊和骆驼不得与猪接触。
狂犬病	狂犬病灭活疫苗	对被疯狗咬伤的牛，应立即接种狂犬病灭活疫苗，颈部皮下注射两次，每次 25～50 mL，间隔 3～5 d，在狂犬病多发地区也可用来进行定期预防接种。	免疫期 6 个月。	

续表 5-1

疫病种类	疫苗名称	用法与用量	免疫期	注意事项
伪狂犬病	伪狂犬病氢氧化铝甲醛疫苗	疫区内的牛，每年秋季接种牛、羊伪狂犬病氢氧化铝甲醛疫苗一次，颈部皮下注射，成年牛 10 mL，犊牛 8 mL，必要时 6～7 d 后加强注射一次。	免疫期 1 年。	
牛瘟	牛瘟兔化弱毒疫苗	牛瘟免疫适用于受牛瘟威胁地区的牛。牛瘟疫苗有多种，我国普遍使用的是牛瘟兔化弱毒疫苗，适用于除朝鲜牛和牦牛以外的所有品种的牛。肌肉注射 2 mL，冻干苗按瓶签规定的方法使用。对牛瘟比较敏感的朝鲜牛和牦牛等牛种，可用牛瘟绵羊化兔化弱毒疫苗，每 1～2 年免疫一次。	接种后 14 d 产生免疫力，免疫期 1 年以上。	本苗按制造和检验规程应就地制造使用。以制苗兔血液或淋巴、脾脏组织制造的湿苗(1∶100)。
炭疽	无毒炭疽芽孢苗	1 岁以上的牛皮下注射 1 mL，1 岁以下的牛皮下注射 0.5 mL。	接种后 14 d 产生免疫力。免疫期 1 年。	
	第二号炭疽芽孢苗	大小牛一律皮下注射 1 mL。		
	炭疽芽孢氢氧化铝佐剂苗	为上述两种芽孢苗的 10 倍浓缩制品，用时以 1 份浓缩苗加 9 份 20%氢氧化铝胶生理盐水稀释后，按无毒炭疽芽孢苗或第二号炭疽芽孢苗的用法、用量使用。		
气肿疽	气肿疽明矾沉淀菌苗	近 3 年内曾发生过气肿疽的地区，每年春季接种气肿疽明矾沉淀菌苗一次，大小牛一律皮下接种 5 mL。小牛长到 6 个月时，加强免疫一次。	接种后 14 d 产生免疫力。免疫期 6 个月。	
肉毒梭菌中毒症	肉毒梭菌明矾菌苗	常发生肉毒梭菌中毒症的牛，应每年在发病季节前，使用同型毒素的肉毒梭菌明矾菌苗预防接种一次。如 C 型菌苗，每头牛皮下注射 10 mL。	免疫期可达 1 年。	
破伤风	破伤风类毒素	破伤风多发的地区，应每年定期接种精制破伤风类毒素一次，大牛 1 mL，小牛 0.5 mL，皮下注射。当发生创伤和手术（特别是阉割术）有感染危险时，可临时再接种一次。	接种后 1 个月产生免疫力，免疫期 1 年。	

续表 5-1

疫病种类	疫苗名称	用法与用量	免疫期	注意事项
牛巴氏杆菌病	牛出血性败血症氢氧化铝菌苗	历年发生巴氏杆菌病的地区，在春季和秋季定期预防接种一次。在长途运输时随时加强免疫1次。体重在100 kg以下的牛4 mL，100 kg以上的牛6 mL，皮下或肌肉注射。	注射后21 d产生免疫力。免疫期9个月。	怀孕后期的牛不宜使用。
布氏杆菌病	流产布氏菌19号毒菌苗	每年定期检疫为阴性的方可接种。只用于处女犊母牛(6～8月龄)，公牛、成年母牛及怀孕牛不宜使用。	免疫期可达1年。	注意：用菌苗前后7 d内不得使用抗生素和含有抗生素的饲料。羊型5号毒菌苗对人有感染力，使用时要加强个人防护。
	布氏杆菌羊型5号冻干毒菌苗	用于3～8月龄母犊牛，皮下注射，每头用菌数500亿。公牛、成年母牛及怀孕牛不宜使用。	免疫期1年。	
	布氏杆菌2号冻干毒菌苗	公、母牛均可使用，孕期不宜使用，本品可供皮下注射、气雾吸入和口服接种，为确保防疫效果，做皮下注射较好，注射菌数为500亿/头。	免疫期2年以上。	
牛传染性胸膜肺炎	牛肺疫兔化弱毒菌苗	接种时，按瓶说明使用，用20%氢氧化铝胶生理盐水稀释50倍。臀部肌肉注射，牧区成年牛2 mL，6～12月龄小牛1 mL，农区黄牛尾端皮下注射用量减半。或以生理盐水稀释，于距尾尖2～3 cm处皮下注射，大牛1 mL，6～12月龄牛0.5 mL。	接种后21～28 d产生免疫力，免疫期1年。	注射后出现反应者可用“914”(新胂凡纳明)治疗。
快死症	牛型魏巴二联菌	大小牛各肌注5 mL。由魏氏梭菌和巴氏杆菌混合感染，引起最急性败血死亡。保护率85%。	7 d产生免疫力，免疫期6个月。	

三、卫生保健

(一)乳房卫生保健

奶牛乳房的健康，直接决定了体细胞的数量。同时，还对细菌数量产生一定的影响，从而与牛奶品质有着密切的关系，为此应做好以下几个方面的保健工作：

(1)挤奶员必须保持个人卫生。指甲勤修，工作服勤洗，每挤完1头牛应洗手臂，洗手水可用0.1%漂白粉或0.1%新洁尔灭溶液。

(2)保持清洁的挤奶环境。用45～50℃的温水按顺序洗净乳房、乳头，并将其由上而下擦干。夏季(7～9 月份)可在水中加入 3%～4%的次氯酸钠。

(3)乳房洗净后应进行按摩,使其膨胀后再挤奶,采用正确挤奶方法和操作规程。

(4)要干奶的牛,应在干奶前 10 d 进行隐性乳房炎监测,阳性牛进行治疗。干奶时,每个奶区注射一次抗生素药物。预产前 1 周,开始药浴乳头,每天两次。

(5)在乳房炎流行季节(7～9 月份),每月对泌乳牛进行一次隐性乳房炎的监测。

(二)蹄部卫生保健

蹄部疾病是影响养牛业的重要疾病之一。牛患蹄部疾病会影响牛的正常行走、生产性能和利用年限。据报道,我国奶牛蹄病的发病率为 30%以上。因此,在生产中一定要做好蹄部保健工作。

1.牛舍和运动场的环境与卫生

(1)牛舍和运动场的地面应保持平整,及时清除粪便和砖头瓦块、铁器、石子等坚硬物体。

(2)夏季不积水,冬季不结冰,保持干燥。

(3)严禁使用炉灰渣垫运动场和通道。

2.营养平衡

(1)母牛蹄叶炎与消化道、子宫和泌乳系统的一些机能障碍有关。这些机能障碍在很大程度上受营养因素的影响。

(2)日粮营养成分的平衡与否和日粮结构的变化对牛蹄的健康有很大影响,有时甚至造成牛群中大面积发病。

3.修蹄

(1)要经常保持蹄部卫生,牛在出产房前要预防性修蹄一次。

(2)每年春秋两季应全群普查牛蹄底部,对增生的角质要修平,过长或变形的蹄应及时修剪,对于腐烂坏死的组织要削除并清理干净。

(3)修蹄工具主要包括修蹄刀、蹄切刀、弯曲手锉各 1 把及磨石 1 块。

4.蹄浴

蹄浴是预防腐蹄病的有效方法。

(1)其药物一般用 3%甲醛溶液或 10%硫酸铜溶液,可达到消毒作用,并使牛蹄角质和皮肤坚硬,达到防止趾间皮炎及变形蹄的目的。

(2)蹄浴方法:①拴系饲养奶牛注意清除趾间污物,将药液直接喷雾到趾间隙和蹄壁。②散养乳牛在挤乳厅出口处(不是在入口处)修建药浴池:a.该池大小为长×宽×深=(3～5) m×0.75 m×0.15 m。b.药浴池地板要注意防滑。c.药液

(3～5 L 福尔马林 + 100 L 水)或 10%硫酸铜溶液。d.一池药液用 2～5 d。③每月药浴 1 周。采用此法,乳牛走过遗留的粪土等极易沾污药液,故应及时更换新液。

5.育种措施

蹄病的遗传已越来越被人们所重视。

(1)育种方案的实施对奶牛后代的肢蹄性状有很大的影响。

(2)有目的地选择育种性状,将肢蹄结构纳入育种选择指标,可有效提高后代蹄的质量。在生产中要使用已知可以提高肢蹄质量的验证过的公牛精液。

(三)营养代谢病监测

营养代谢病系奶牛特别是高产奶牛长期摄入某种营养物质不足或过量,导致机体代谢失调和紊乱。因此,对代谢病的防治要早期监测,及早预防。在奶牛生产中应采取以下措施:

1.定期进行血样抽查

定期监测血液中的某些成分,可预报一个牛群的代谢性疾病的发生。

(1)通过血检发现某一成分下降至"正常"水平以下时,则可认为应该增加某一物质的摄入量,以代偿过量输出所造成的负平衡。

(2)当发现某一成分过高"超常"时,则与某一物质摄入量过多有关。

(3)每年应定期对干奶牛、低产牛、高产牛进行 2～4 次血检,及时了解血液中各种成分的含量和变化。

(4)所要检查的项目为:血糖、血钙、磷、钾、钠、碱贮、血酮体、谷草转氨酶、血脂等。

(5)根据所测结果,与正常值比较,找出差异,为早期预防提供依据。这样,使疾病由被动的治疗转为主动的防治。

2.建立产前和产后酮体检测制度

产前和产后奶牛的健康,是影响奶牛产奶量的一个重要因素,故应对其加强检查。

(1)在产前 1 周和产后 1 个月内,隔日测尿 pH(可用试纸法,正常尿液 pH 为 7.0,当变黄时,即为酸性)、酮体或乳酮体 1 次,凡测定尿液呈酸性,尿(乳)酮体阳性者,可静脉注射葡萄糖液和碳酸氢钠溶液。

(2)产前产后奶牛食欲不佳,体弱者,可静脉注射 10%葡萄糖酸钙,以增强体质。

(3)在产奶高峰,精料喂量多时,应适当补充瘤胃缓冲剂,如碳酸氢钠和氧化镁、醋酸钠等,防止酸中毒。

（四）繁殖障碍预防

随着奶牛产奶水平的不断提高，不孕症的发病率也呈上升趋势。据报道，高产牛群（年产量超过 8 000 kg）母牛子宫和卵巢疾病发病率较一般牛群高 5%～15%。据 1993 年北京、上海、南京等 41 个奶牛场 9 754 头适繁母牛调查，不孕症发病率为 25.3%。为此，必须采取以下综合措施加以防范。

1. 保持良好体况

（1）牛在泌乳初期和泌乳高峰期，由于受营养不足和体重下降的影响，受孕率明显下降，因此一定要注意日粮的适口性和营养平衡。

（2）定期对饲料营养成分进行化验监测，并保证优质干草和青贮饲料的充足供应是克服繁殖障碍行之有效的措施。

2. 干乳期和围产期饲养管理

（1）干乳期合理投料，适当运动，控制母牛膘情（7～8 成膘），防止过肥或过瘦。过肥产后易出现繁殖障碍，如胎衣不下、子宫炎、子宫复原慢、平状卵泡等，使产后配种期延迟。

（2）围产期要注意维生素 A、维生素 D、维生素 E 和微量元素硒的补充，矿物质 Ca、P 比例，以减少胎衣滞留和子宫复原延迟。

3. 产房管理

产房管理是奶牛健康管理的重点。

（1）产房人员必须接受培训合格后才能上岗，大型奶牛场的产房要 24 h 有人看守。

（2）产房要保持清洁干燥，每周进行一次大扫除和大消毒，并保持室内通风干燥，以防产后感染。

（3）接产遵守自然分娩原则，注意防止造成产道创伤和感染。

（4）当出现临产征兆时，应尽快移至分娩牛床位。胎儿出生后要做好新生犊牛的护理工作。

4. 实施母牛产后监控

（1）产后 24 h 以内要观察胎儿产出情况和产道有无创伤、失血等，还应注意观察胎衣排出时间和是否完整，以及母牛努责情况，要预防子宫外翻和产后瘫痪等。

（2）产后 1～7 d 为恶露大量排出期，要注意颜色、气味、内含物等变化。

（3）于早晚各测体温一次；产后 7～14 d，重点监控子宫恶露变化（数量、颜色、异味、炎性分泌物等），必要时还应做子宫分泌物的微生物培养鉴定。

（4）根据药敏试验结果进行对症治疗。

（5）产后 15～30 d，主要监控母牛子宫复原进程、卵巢形态，并描述卵巢形状、体积、卵泡或黄体的位置和大小，必要时可检测乳汁进行孕酮分析。

(6)此间还可以称量体重，如失重过大，应设法在3个月内恢复，如超过4个月将对繁殖造成不良影响。

(7)产后30～60 d，重点监控卵巢活动和产后首次发情出现时间。如出现卵泡囊肿、卵巢静止则应对症治疗。

(8)到60 d如仍未见发情症状，须查清原因，及时采取措施。

5.建立繁殖记录体系

为了不断改进管理措施，乳牛开始繁殖以后就要建立终生繁殖卡片和产后监控卡片等。

任务二 牛疾病诊断基本技术

一、牛疾病检查的基本方法

在检查病牛时，一般应用视诊、触诊、叩诊、听诊、嗅诊、问诊六种基本检查方法，去搜集症状，进行综合分析。

1.视诊

(1)主要是用眼观察病牛的各种异常表现。

(2)视诊时，检查者站在病牛的左前方2～3 m远的地方，先观察病牛的全貌，如精神、营养、姿势、被毛、胸围和腹围等。

(3)然后由前向左后方边走边看，依次观察头部、颈部、胸部、腹部和四肢。

(4)走到正后方时，稍停留一下，观察尾部、会阴部，并对照观察胸部、腹部及臀部的状态和对称性，再由右侧回到正前方。

(5)如发现异常，可稍接近牛体，按相反的方向再转一圈，进一步观察最后牵遛，观察步样。

2.触诊

(1)主要是用手直接触摸。

(2)在检查体表的温度、湿度及肌肉的紧张性时，将手轻放于体表即可。

(3)如检查深部组织和肿胀，可施加一定的压力进行触摸。

3.叩诊

(1)主要是叩打病牛体表，根据音响推断体内的病理变化，多用于胸部检查。

(2)犊牛可用指指叩诊法，成年牛则多用槌板叩诊法。

(3)指指叩诊法是用弯曲的右手中指，垂直地向紧贴体表的左手中指的第二指骨中央，进行短而急的连续两次叩打，叩击后，右手中指应立即抬起。

(4)槌板叩诊法是用左手持叩诊板紧贴体表，右手持叩诊槌，以腕关节的力量向叩诊板上叩打，动作短促急速，每次 2～3 下，间歇性地叩击。

4.听诊

(1)主要是听病牛体内的音响，推断内部器官的病理变化。

(2)常用于心、肺及胃、肠的检查。

(3)听诊可分为直接听诊和间接听诊。①直接听诊是将耳朵直接贴于病牛体表，进行听诊。此法对检查肺及瘤胃都适用。a.听肺脏时，面向病牛头方，一手放在鬐甲部或背部做支点。b.听瘤胃时，面向尾方，一手放在腰部做支点。②间接听诊是利用听诊器进行听诊。a.听诊器要紧贴体表，防止摩擦。b.不要强压。

5.嗅诊

(1)是闻病牛的呼出气、排泄物和分泌物。对某些疾病的诊断有意义。

(2)如肺坏疽或腐败性支气管炎时鼻液和呼出气有腐败臭味。

(3)酮血病时呼出气有氯仿(或烂苹果)气味。

(4)尿毒症时皮肤及汗液有尿臭味。

(5)子宫蓄脓时阴道分泌物有化脓腐败臭味。

6.问诊

(1)问诊即向饲养管理或使役、放牧人员了解畜群和病畜生活史与患病史的一种方法。

(2)通过问诊而做详细的流行病和中毒病的调查，经常是得出初步诊断的重要途径。

(3)问诊还可提供进一步检查的方法。

二、牛疾病检查的一般内容

(一)容态检查

1.精神状态

(1)主要注意其面部表情，眼、耳动作，身体姿势及防卫反应。

(2)注意其精神是处于兴奋，还是沉郁状态。

2.姿势

(1)健康牛常采食后卧地，进行间歇性反刍，有时用舌舔其被毛，卧地时常前胸着地，四肢屈于腹下，有生人走近时先抬举后躯缓慢起立。

(2)有病则常常出现各种反常的姿势，如站立不稳、强迫站立、强迫横卧等。这些反常姿势，常可为诊断某些疾病提供重要的线索。

3.营养状况

主要根据被毛状态和肌肉的丰满程度而分为营养良好、中等和不良三级。

(二)皮肤检查

1.被毛状态

(1)健康牛的被毛平整，富有光泽，不易脱落。

(2)患病后往往被毛粗乱，失去光泽。

(3)慢性疾病或长期消化障碍时，换毛迟缓，毛焦腹缩。

(4)患疥癣或湿疹时，被毛容易脱落。

2.皮肤温度

(1)检查皮温通常是用手背感觉。

(2)牛适于触诊皮温的部位为鼻镜、角根、胸侧及四肢下部。

(3)全身性皮温增高，见于发热性疾病、中暑等。

(4)局部性皮温增高，多为炎症，如皮炎、蜂窝织炎、咽喉炎、腮腺炎等。

(5)皮温降低，常见于大失血、心力衰竭等。

3.皮肤湿度

(1)因发汗多少而不同。

(2)健康牛在安静状态下，除鼻镜湿润多水珠外，皮肤常不湿不干而有油腻感。

(3)发汗增多，见于热性病、高度呼吸困难及剧烈疼痛性疾病等。

(4)内脏破裂时，病牛可出冷汗，常常预后不良。

(5)发汗减少，见于体内水分丧失过多的疾病，如剧烈腹泻和呕吐等。

4.皮肤弹力

(1)检查部位是肋弓后缘或颈部。

(2)健康牛，用手将皮肤捏成皱褶，松开后很快恢复原状。

(3)在营养障碍、大失血、脱水、皮肤慢性炎症时，皮肤弹力减退。

(4)但老龄牛的皮肤弹力减退，是生理现象。

5.皮肤肿胀

多为局限性的，常见的有气肿和水肿。

(1)气肿 ①气体积聚于皮下组织中。②触诊时呈捻发音，边缘轮廓不明显，见于黑斑病甘薯中毒、气肿疽、恶性水肿等。

(2)水肿 ①多发生在胸下、腹下、阴囊、四肢及眼睑。②肿胀界限多不明显，组织弹性减退，指压呈捏生面团样，表面光滑紧张而有冷感，见于心脏衰弱、慢性消耗性疾病、重症贫血及肾炎等。③炎性水肿时，其特点是伴有炎症变化。此外，在皮肤检查中，还应注意有无丘疹、水疱、脓疱、溃疡、外伤等变化。

（三）可视黏膜检查

可视黏膜包括眼结膜、口黏膜、鼻黏膜和阴道黏膜等。在一般检查时，仅做眼结膜检查。①检查眼结膜时，两手持牛角，使牛头转向侧方，即可露出结膜和巩膜。②也可用大拇指将下眼睑压开，观察结膜。③健康牛的眼结膜呈淡粉红色。

病理变化有如下几种：

(1)结膜苍白是贫血的表现。急速苍白，见于大失血、肝和脾破裂等；逐渐苍白，见于慢性消耗性疾病，如营养性贫血、肠道寄生虫病等。

(2)结膜潮红是血液循环障碍的表现。见于眼的外伤、结膜炎及各种急性热性传染病等。

(3)结膜蓝紫(结膜发绀)是血液中还原性血红蛋白增多的结果。见于肺炎、心力衰竭及某些中毒病等。

(4)结膜发黄(结膜黄染)是血液内胆红素增多的结果。见于肝脏病及某些中毒病等。

(5)结膜有出血点或出血斑是血管壁通透性增大的结果。见于蕨中毒和出血性疾病等。

（四）体表淋巴结检查

(1)主要用触诊法。着重注意其大小、硬度、温度、敏感性和移动性。

(2)对牛通常是检查下颌淋巴结、肩前淋巴结、膝上淋巴结和乳房上淋巴结。

(3)淋巴结急性肿胀时，有热有痛，见于泰勒氏焦虫病等。

(4)慢性肿胀时，无热无痛，坚硬，缺乏移动性，见于结核病、放线菌病、白血病等。

（五）体温测定

(1)在直肠内测定。

(2)测温前先将体温计水银柱甩至最低刻度。

(3)涂以润滑剂或水。

(4)站在牛的正后方，左手将尾巴略向上举，右手将体温计斜向前下方缓缓插入直肠，用体温计夹子夹在尾根部被毛上。

(5)3～5 min 后，取出查看。

(6)测温后应将体温计擦拭干净，并将水银柱甩下，以备再用。

(7)健康牛因年龄、品种不同，体温也有所不同。①犊牛 38.5～39.5℃。②青年牛 38～39.5℃。③成年牛 38～39℃。

(8)健康牛的体温,一昼夜内略有变动。一般都是清晨低,午后高,温差在1℃以内。

(9)体温低于常温称为体温低下,常见于大失血、内脏破裂、中毒性疾病及濒死期。

(10)体温高于正常范围并伴有其他热候的,即可认为是发热。①一般认为,病牛体温升高1℃以内的为微热。②病牛体温升高1~2℃的为中热。③病牛体温升高2℃以上的为高热。

(11)把每天上下午测温的结果记录下来,连成曲线,称为体温曲线。根据体温曲线判定热型。对诊断牛病意义较大的热型有以下三种。①稽留热:高热持续3 d以上,且每日温差在1℃以内。见于传染性胸膜肺炎、犊牛副伤寒等。②弛张热:体温日差在1℃以上,且不降到常温。见于化脓性疾病、败血症及支气管肺炎等。③间歇热:有热期与无热期交替出现。见于慢性结核病、锥虫病、焦虫病等。

(六)脉搏数检查

(1)检查牛的脉搏,通常是触摸尾中动脉。

(2)检查者位于牛的正后方,左手将尾根略为举起,用右手食指、中指和无名指轻压尾底面的尾中动脉,计数1 min的跳动次数。

(3)健康牛每分钟的脉搏数为:①犊牛90~110次。②青年牛70~90次。③成年牛50~80次。

(4)脉搏数增加,见于热性病、心脏病、呼吸器官疾病、剧烈疼痛性疾病、贫血及某些中毒性疾病等。

(5)脉搏数减少,见于脑病、胆血症、洋地黄中毒、铅中毒等。

(七)呼吸数检查

(1)检查呼吸数,最好站在病牛胸部的前侧方或腹部的后侧方,观察不负重后肢一侧的胸腹部起伏运动,胸腹壁的一起一伏,是一次呼吸。

(2)也可将手背放在鼻孔前方感觉呼出的气流,在冬季还可看呼出的气流。

(3)一般计算1 min的呼吸数。

(4)健康牛为:①犊牛20~50次。②成年牛15~35次。

(5)呼吸数增多,见于热性病、呼吸器官疾病、贫血、心脏病、腹压增高性疾病等。

(6)呼吸数减少,见于某些脑病及疾病的濒死期。

任务三　牛常见疾病的防治措施

牛的疾病种类很多，包括内科病、产科病、传染病、寄生虫病和外科病。其中最常见的是内科病和产科病，危害最严重的是传染病。这些疾病严重影响养牛业的发展，造成巨大的经济损失。为了预防和控制牛的疾病，必须采取综合性的防治措施。

一、传染病

（一）结核病

牛结核病的病原体主要是牛型结核杆菌，次为人型结核杆菌和禽型结核杆菌。

结核病是人畜共患病，也是目前牛群中最常见的一种慢性传染病。病的特征是在体内某些器官形成结核结节，继而结节中心干酪样坏死或钙化。

【临床症状】

1.肺结核

(1)以长期干咳为特点，清晨干咳明显。

(2)食欲正常，易疲劳，逐渐消瘦。

(3)严重病牛呼吸困难。

2.乳房结核

(1)先是乳房淋巴结肿大。

(2)继而后两乳区发生局限性或弥漫性的硬结节。

(3)硬结无热痛，表面高低不同。

(4)乳量下降，乳汁变稀，严重时乳腺萎缩停乳。

3.肠结核

(1)以消瘦和下痢或便秘下痢交替出现为特点。

(2)粪便带脓血，味腥臭。

此外结核菌还可侵害其他器官，故可发生子宫结核、淋巴结核、睾丸结核、脑结核和浆膜结核等。

【防治措施】

(1)能通过咳出物、分泌物、排泄物向外排毒的病牛一般予以淘汰。

(2)对有价值的牛可用异烟肼、链霉素、对氨基水杨酸等药物进行治疗。

(3)对无病牛群定期用结核菌素进行点眼和皮内注射进行检疫，以便及时发现病牛。

(4)引进牛必须经过检疫,隔离观察2个月,期间再检疫一次,确实无病方可入群。

(5)牛舍注意卫生和消毒,每年进行2～4次预防性消毒,常用的消毒药为5%来苏儿或3%福尔马林溶液。

(二)布氏杆菌病

本病分布很广,严重损害人畜的健康。病原体主要是牛布氏杆菌,羊和猪布氏杆菌也能感染。

牛布氏杆菌病是人兽共患的慢性传染病。主要侵害生殖系统,以母牛发生流产和不孕、公牛发生睾丸炎和不育为特征,故又称传染性流产。

【临床症状】

(1)妊娠母牛的主要表现是流产,流产一般发生于妊娠后期。

(2)流产前数日,一般有分娩预兆。

(3)流产后多数伴发胎衣不下或子宫内膜炎,可在2～3周后恢复。

(4)有的病愈后长期排菌,可成为再次流产的原因。

(5)有的经久不愈,屡配不孕。

(6)公牛可发生睾丸炎和附睾炎,并失去配种能力。

(7)有的病牛发生关节炎、滑液囊炎、淋巴结炎或脓肿。

【防治措施】

1.加强检疫,坚持自繁自养

(1)必须引种时,要隔离观察1个月,期间做2次布氏杆菌检疫,阴性者方可合群饲养。

(2)每年对疫区牛群用血清凝集反应普查1～2次,及时发现病牛,进行隔离或淘汰。

2.严格消毒

(1)人工助产器械、助产人员手臂用1%来苏儿、0.1%新洁尔灭洗净。

(2)畜舍、产房、运动场用10%石灰乳或2%火碱消毒。

(3)流产胎儿、胎衣、羊水、分泌物经消毒后处理。

3.病牛治疗

(1)尚无特效疗法,症状严重者对症治疗。

(2)可肌注氯霉素抗菌消炎。

(3)用0.1%高锰酸钾洗涤子宫治疗子宫炎。

4.定期预防注射

如布氏杆菌19号弱毒菌苗或冻干布氏杆菌羊5号弱毒菌苗可于成年母牛每

年配种前1～2个月注射，免疫期一年。

5.培育健康犊牛

(1)隐性病牛经健康牛精液受孕后新产犊牛，立即与母牛分开，隔离饲养。

(2)吃母乳3～5 d后，可喂常乳。

(3)在1个月后进行2次检疫，间隔6周。①呈阴性反应者，送入健康牛群。②阳性者转入病牛群。

(三)口蹄疫

(1)口蹄疫俗称“口疮”、“蹄癀”，是由口蹄疫病毒引起的牛、羊、猪等偶蹄兽的一种急性、高度接触性传染病，以牛的易感性最高。

(2)其特征为口腔黏膜、蹄部及乳房皮肤发生水疱和烂斑。有的愈后奶牛仍长期不能恢复生产，从而给奶牛业造成巨大损失，成为世界法定传染病之一。

(3)其病原体是小核糖核酸病毒科的口蹄疫病毒，分7个主型，即A型、O型、C型、南非Ⅰ型、南非Ⅱ型、南非Ⅲ型和亚洲Ⅰ型，其中以A、O两型分布最广，危害最大。

(4)口蹄疫病毒对外界抗力最强，自然条件下，所含毒物质传染性可达数月，粪便中的病毒，在温暖季节可存活30 d左右，冰冻条件下可以越冬。

(5)口蹄疫病毒对酸、碱敏感，易被酸碱性消毒药杀死。

【临床症状】

(1)潜伏期2～4 d。

(2)患病奶牛初期体温升高至40℃以上，精神沉郁，闭口流涎，减食。

(3)患病2 d后，病牛的舌面、上下唇、齿龈或乳房处出现大小不等的水疱。

(4)当水疱破溃后，留下边缘整齐的烂斑，体温随之下降。

(5)与此同时或稍后，趾间及蹄冠皮肤表现热、肿、痛，继而发生水疱、烂斑，跛行。

(6)犊牛则表现水疱不明显，常以胃肠炎、心肌炎，四肢麻痹或瘫痪症状出现，犊牛突发死亡率高达40%。

【防治措施】

1.治疗

根据国家的有关规定，口蹄疫病牛应一律扑杀，不准治疗。

2.预防

(1)平时的预防措施　①在本病的常发区、受威胁区(如国境线地带)，对牛、羊、猪等易感动物坚持接种口蹄疫疫苗，做好主动防疫是至关重要的。②牛、羊、骆驼接种A、O双价弱毒疫苗，猪接种强毒灭活疫苗，或猪专用的O型弱毒菌，用法、用量参照说明书。③值得注意的是，所用疫苗的病毒型必须与当地流行的病毒型相一致，否则不能预防和控制口蹄疫的发生和流行。

(2)流行时的防制措施 ①发生口蹄疫时：a. 应立即上报。b. 划定疫区。c. 严格封锁。d. 就地扑灭，严防蔓延。②疫点周围和疫点内未感染的牛、羊、猪，立即接种口蹄疫疫苗。接种顺序由外向内。③污染的圈舍、饲槽、工具和粪便用2%氢氧化钠溶液消毒。④最后一头病牛扑杀14 d后，无新病例出现，经彻底消毒，报请上级批准后解除封锁。

(四)牛流行热

(1)牛流行热又称三日热，是由病毒引起的一种急性热性传染病。

(2)牛流行热主要侵害黄牛和奶牛，以3～5岁壮年牛较易感染。

(3)牛流行热传播迅速，发病率高，死亡率低。

(4)牛流行热流行有明显季节性，多发于雨量多和气候炎热的6～9月份。

(5)一般认为每隔几年或3～4年发生一次较大流行。

【临床症状】

(1)潜伏期4～7 d。

(2)发病前期严重畏寒，继而高热达40℃以上，持续2～3 d后下降。

(3)高热的同时，病牛流泪，结膜充血，呼吸迫促，流鼻涕，流涎，食欲废绝，不反刍，关节肿痛，站立时弓腰不动，驱赶呈跛行，乳量减少或停止，大多数奶牛能耐过，少数病例发生瘫痪。

(4)个别病牛因继发肺炎而死亡。

(5)剖检可见肺气肿、肺充血和肺水肿等主要病变。

【防治措施】

本病目前尚无有效疫苗，仅能按一般预防措施处理。

(1)平时加强饲养管理；夏季防暑，保持牛舍清洁卫生。

(2)在流行季节，为减少传染：①可每周2次用5%敌百虫液喷洒牛舍和周围排粪池，以杀灭蚊、蝇。②用过氧乙酸对牛舍地面及食槽等进行消毒。

(3)一旦发病，及时隔离，积极治疗。采用对症和支持疗法，绝大部分病牛可治愈。以解热镇痛、强心解毒，防止继发感染为原则。有以下治疗方法供参考：①青霉素800万IU，链霉素300万IU，安痛定50 mL或安乃近40 mL，配合病毒灵20 mL一次肌注，每天1～2次，连用2 d。②地塞米松每次50～100 mg，配合5%～10%葡萄糖500～1 000 mL、生理盐水500～1 000 mL，静脉注射，或氟美松50～100 mg加糖盐水500～1 000 mL，混合一次缓慢静脉注射。③在病初可用板蓝根60 g，紫苏90 g，白菊花60 g，煎服。④对瘫痪病牛，可静脉注射10%水杨酸钠

100～300 mL，地塞米松 50～80 mg，10％葡萄糖酸钙 300～500 mL。病程长的适当加维生素 B、维生素 C 和乌洛托品，静脉注射。

（五）炭疽

（1）炭疽是由炭疽杆菌所引起的人和动物共患的一种急性、热性、败血性传染病，常呈散发或地方性流行。

（2）其临床特征为呼吸困难、战栗和天然孔出血。

（3）剖检可见，脾脏肿大，皮下和浆膜下出血性胶样浸润，血液凝固不良，死后尸僵不全。

（4）牛、马、驴、骡及羊等食草动物最易感，在世界范围流行。

（5）我国的炭疽病已得到控制，但还时有发生。因此，对炭疽防治必须引起高度重视。

【临床症状】

（1）动物自然感染的潜伏期，一般为 1～3 d，也有长至 14 d 的。

（2）临床症状有最急性、急性和亚急性三种类型。

（3）牛多呈急性或亚急性经过。

（4）牛发生炭疽时虽有高热，但症状多不显著，往往没有前期症状突然死亡。

（5）一些病例或以高度兴奋开始，或很快发生热性病症状，如体温升高到 40～42℃，精神不振，伴有寒战和肌肉震颤，心悸亢进，脉搏微弱而快，黏膜发绀，间有小点出血等。

（6）随着采食停止，反刍和泌乳也都停止，发生中度膨胀，肠道、口鼻出血以及血尿。

（7）有时可见舌炭疽或原发性咽炭疽、肠炭疽，在这些部位发生炭疽痈。

（8）颈、胸、肋、腰以外阴部常有水肿，且发展迅速。①颈部水肿常与咽炎和喉头水肿相伴发生，致使呼吸更加困难。②肛门水肿，排便困难，粪便带血，一般病程 10～36 h 死亡。

应与急性中毒、巴氏杆菌病、气肿疽和恶性水肿、梨形虫病区别。

【防治措施】

1. 治疗

（1）最急性型炭疽病牛常来不及治疗即死亡。

（2）对其他型病牛应及早隔离治疗。

（3）用青霉素 100 万～300 万 IU 肌内注射，每天 4 次，连续 3 d 可见疗效。

（4）如有抗炭疽血清（100～300 mL，静脉注射）同时应用，效果更佳。

2.预防

(1)炭疽是一种烈性传染病,不仅危害家畜,也威胁人类健康。

(2)对原因不明而突然死亡的牛不准随便剥皮吃肉,须经确诊后再行处理。

(3)发生本病后,要封锁疫点,炭疽牛尸和被污染的草料、粪便等一律烧毁,被污染的水泥地用20%漂白粉或0.1%碘溶液等消毒,若为土地,则应铲除表土15 cm。

(4)疫点内的牛先用青霉素预防,7 d后再接种炭疽芽孢苗。

(5)疫区周围的健康牛也要紧急接种炭疽芽孢苗。①无毒炭疽芽孢苗,成年牛皮下注射1 mL,1岁以下小牛0.5 mL。②第二号炭疽芽孢苗,不论牛的大小均用1 mL。

(6)最后一头病牛死亡或治愈后15 d,再未发现新病牛时,经彻底消毒后方可解除封锁。

(7)经常发生或2~3年内发生过炭疽病的地区,每年春季或秋季必须给牛接种一次炭疽芽孢苗。

二、外科病

(一)蹄叶炎

(1)蹄叶炎又名蹄壁真皮炎,是指发生于蹄尖壁、侧壁的真皮小叶层及血管层浆液性、弥漫性炎症。

(2)蹄叶炎的发病率一般为5.5%~30%。

(3)55%左右的蹄叶炎可造成跛行。

【临床症状】

(1)本病多呈急性经过,患牛病初出现体温上升40~41℃、心音亢进,脉搏每分钟100次以上,呼吸每分钟40次以上、食欲不佳和乳量下降等症状。

(2)急性病例起立和运动都困难,大多呈横卧姿势。

(3)轻症病例不爱运动,表现特有的步态和弯背姿势,蹄有热感,叩诊及钳压疼痛,特别是蹄前部明显。

(4)慢性病例大多由急性型继发而来。①蹄的疼痛与急性型相比明显减轻,但仍可见步态依然呈独特的强拘步态、关节肿大、拱背等症状。②蹄的形态明显改变,呈典型的"拖鞋蹄",即背侧缘与地面形成小的角度,蹄扁阔而变长。

(5)并发感染时,蹄底角质和真皮组织坏死,蹄轮异常,蹄尖狭窄而蹄踵增宽,蹄尖壁的角质增厚,成为芜蹄。

(6)小龄育肥牛大多在6~9月龄时,由于为了育肥多给精料体重急剧增加,过度负重而患蹄叶炎。

【防治措施】

应加强饲养管理，避免突然多给精饲料，饲料的变换要在 10～14 d 内逐渐进行；育肥的饲料中全纤维量至少也要 14％以上，乳牛至少 18％以上，防止瘤胃酸中毒。

对急性蹄叶炎治疗：

(1)发病初期放血 1 000～2 000 mL。

(2)给予抗组织胺药，如灌服苯海拉明 0.5～1.0 g，每天 1～2 次。

(3)静脉注射 5％～7％碳酸氢钠液 500～1 000 mL、5％～10％葡萄糖溶液 500～1 000 mL、复方氯化钠溶液 1 000～1 500 mL。

(4)肌肉注射维生素 B_1。

(5)给予肾上腺皮质激素，可的松注射。

(6)移植健康牛的瘤胃液 6～8 L。

对慢性蹄叶炎除上述疗法外，应重视蹄的温浴，注意修蹄、削蹄，预防形成芜蹄。出现蹄踵狭窄或蹄冠狭窄时，可锉薄狭窄的蹄壁角质，缓解压迫，并配合装蹄疗法，对芜蹄可作矫形。

(二)脓肿

在组织器官内局限性化脓性炎症引起的具有完整腔壁并有脓汁积聚的局限性肿胀，称为脓肿。

【临床症状】

1.浅在脓肿

(1)病初局部增温，疼痛，呈显著的弥漫性肿胀。

(2)以后肿胀逐渐局限化，四周坚实，中央软化，触之有波动感，渐渐皮肤变薄，被毛脱落，最后破溃排脓。

2.深在脓肿

(1)局部肿胀常不明显，但患部皮肤和皮下组织有轻微的炎性肿胀，有疼痛反应，指压时有压痕，波动感不明显。

(2)为了确诊，可行穿刺。当脓肿尚未成熟或脓汁过分浓稠，穿刺抽不出脓汁时，要注意针孔内有无脓汁附着。

应与血肿、淋巴外渗、腹壁疝等病区别。

【防治措施】

(1)病初，局部可用温热疗法，如热敷等，或涂布用醋调制的复方醋酸铅散、栀子粉等。

(2)用抗生素或磺胺类药物进行全身性治疗。

(3)如果上述方法不能使炎症消散,可用具有弱刺激性的软膏涂布患部,如鱼石脂软膏等,以促进脓肿成熟。

(4)当出现波动感时,即表明脓肿已成熟,这时应及时切开,彻底排除脓汁(注意不要强力挤压或擦拭脓肿膜,应使脓汁自然流出),再用3%双氧水或0.1%高锰酸钾水冲洗干净,涂布松碘油膏或视情况用纱布引流,以加速坏死组织的净化。

(三)创伤

(1)由于各种外力的作用使牛体某部位的皮肤、黏膜及其深部组织发生开放性的损伤,称为创伤。

(2)主要表现为出血、裂开、疼痛和机能障碍等。

【临床症状】

创伤按致伤外力的性质可分为刺伤、切创、咬创、撕裂创、挫创和毒创等。

创伤按受伤后经过的时间长短分为新鲜创(包括新鲜未污染创和新鲜污染创)、陈旧创(包括感染创和肉芽创)。

(1)新鲜创 ①创伤局部一般出现创口裂开、出血、疼痛和机能障碍等反应。②反应的程度随创伤部位、形态、程度而不同。③若创伤面积大、创伤深且为要害部位,则可因疼痛剧烈、失血过多而引起全身反应,如黏膜苍白、脉搏微弱、呼吸急促、冷汗淋漓、四肢发凉,甚至出现休克以至死亡。

(2)感染创 ①创伤局部肿胀、增温、疼痛,创腔内有脓汁,创伤周围有脓痂。②若创腔内脓汁排出不畅则可局限为脓肿,也可发展为蜂窝织炎,严重时感染扩散引起全身性化脓性感染,甚至发生败血症。

(3)肉芽创 ①创腔内出现粉红色颗粒状结实的肉芽组织,肉芽表面黏附少量黏稠、灰白色的脓性分泌物。②创伤肿胀消退、疼痛减轻、趋向愈合。

【防治措施】

根据创伤的性质、种类、组织损伤的程度、感染的有无、损伤部位的经过时间、愈合过程以及牛的全身状况,采取适当的治疗方法。

1.新鲜创的治疗

(1)及时止血 根据出血的性质、程度和部位,可采用压迫、钳夹、填塞、结扎、创面撒布止血粉、注射止血药等方法止血。

(2)清洁创围 ①用纱布盖住创面,用毛剪剪去周围的被毛及血痂。②用温水或肥皂水洗净创围。③再用70%酒精棉球消毒创围皮肤。④最后用5%碘酊两次涂布创围皮肤。

(3)清理创腔 ①除去覆盖物。②用生理盐水、0.1%高锰酸钾溶液、3%过氧化氢溶液、0.01%～0.05%新洁尔灭溶液反复冲洗创腔，除去创面上的异物、血凝块和积液。③并用手术器械切除坏死组织、消除创囊、疏通引流、修整创面。

(4)缝合与包扎　①对受伤时间短(6 h以内)、污染轻或清创彻底的创伤，可在清创后的创面涂布酒精、碘酊等消毒剂，一次缝合创口。②对受伤时间长、污染严重的创伤，可在清创后的创面涂撒青霉素粉、消炎粉、碘仿磺胺粉等，创口部分缝合，设引流口；创口裂开过宽，可缝合两端。③组织损伤严重或不便缝合时，可行开放疗法。一次完全缝合的创伤要包扎，部分缝合的创伤不做严密包扎。④四肢下部的创伤，一般应包扎。

(5)全身疗法　若组织损伤或污染严重时，应及时注射抗生素、破伤风抗毒素。

2.感染创的治疗

(1)清洁创围，用0.1%高锰酸钾溶液、3%过氧化氢溶液、0.01%新洁尔灭溶液等冲洗创腔。

(2)扩大创口，开张创缘，除去深部异物，切除坏死组织，排出脓汁。

(3)最后用松碘油膏或磺胺乳剂等创面涂布或纱布条引流。

(4)有全身症状时可适当选用抗菌消炎类药，并注意强心解毒。

3.肉芽创的治疗

(1)清洁创围，用生理盐水轻轻清洗创面。

(2)局部选用刺激性小、能促进肉芽组织和上皮生长的药物，如松碘油膏、3%龙胆紫等。

(3)肉芽组织生长过度时可用高锰酸钾粉或硫酸铜腐蚀。

三、内科病

(一)奶牛"猝死症"

(1)奶牛"猝死症"是由牛魏氏梭菌引起的以消化道传染为主的急性传染病。

(2)牛魏氏梭菌一般有A、B、C、D四型，魏氏梭菌其芽孢广泛分布于自然界(如土壤、蔬菜、水果、饲料、野生动物的尸体和人畜粪便)中。

(3)通过车辆、人员携带也可导致牛群感染。

(4)当牛只体内魏氏梭菌积蓄到一定程度时即可发病。

(5)该病病程短、发病急、传染快，其发病率、死亡率均较高。

【临床症状】

(1)发病突然、死亡快，无任何前驱症状。

(2)体温一般正常，死亡前出现鸣叫，肌肉颤抖，站立不稳，突然倒地，四肢抽搐划动，呼吸困难，口流清涎，有的死前有惊恐表现，死后呈角弓反张姿势。

(3)外观可见腹胀,大多数牛肛门外翻,颜色鲜红,流少量深红色的血样液体。

(4)有的口、鼻有少量血样液体流出。

(5)有的眼结膜深红,有的第三眼睑有粟粒大的出血点。

(6)心耳、心尖有针尖大到针帽大的出血点或出血斑。

(7)血液暗红;颌下、肩前、肠淋巴结水肿,切面有斑点状出血。

(8)有的肝脏轻度水肿。

(9)胆囊、膀胱黏膜充血,有少量出血点。

(10)脾脏无肉眼可见变化。

(11)瘤胃、网胃、瓣胃黏膜有散在的针尖大的出血点,有的形成条状出血斑。

(12)真胃充血、出血。

(13)小肠浆膜充血发红,黏膜呈斑块状出血或弥漫性出血。

(14)肠内容物呈红色稀粥状。

(15)血凝良好。

【防治措施】

1.治疗

(1)发病早期及时隔离、消毒、治疗。应用魏氏梭菌+巴氏杆菌进行免疫接种。

(2)对症状较轻的病畜大剂量注射清热解毒药及镇静药物等。同时添加蛋白质丰富的新鲜饲料。

2.预防

(1)加强饲养管理,做好环境卫生和消毒工作,并常抓不懈。实行分群饲喂,按不同生理阶段调整日粮水平,按日粮标准供草供料,严防精料喂量过大,严禁饲喂发霉、变质的饲料。

(2)专配干乳日粮,以粗饲料为主,一天保证2顿干草,喂量不少于7 kg,精料日平均每头干乳牛3.5 kg,产前最大喂量不超过体重1%。

(3)做好围产期(临产前15 d至分娩后15 d)的饲养管理,精粗料合理搭配,精料逐步增加,防止精料突然过高。

(4)日粮中加入2%的碳酸氢钠。

(二)前胃弛缓

(1)前胃弛缓是由各种原因导致的前胃兴奋性降低、收缩力减弱,瘤胃内容物运转缓慢,菌群失调,产生大量的腐解、酵解有毒物质,引起消化障碍,食欲、反刍减退以及全身机能紊乱的一种疾病。

(2)临床上,以食欲不振至厌食、反刍和嗳气减少至停止、瘤胃蠕动减弱到消失、粪便减少干燥或腹泻为特征。

【临床症状】

(1)病牛精神沉郁,食欲减退、不吃精料或不吃干草或异嗜,继而完全废绝,反刍迟缓或停止,嗳气减少、带酸臭味或停止,鼻镜干燥,经常磨牙。

(2)瘤胃蠕动音减弱或消失,瘤胃内容物柔软或黏硬,有时出现轻度瘤胃膨胀。

(3)网胃及瓣胃蠕动音减弱或消失。

(4)病初排粪迟滞甚至便秘,粪便干硬色黑,继而发生腹泻,排棕褐色粥样或水样稀粪,恶臭难闻。

(5)体温、脉搏、呼吸一般无明显变化,后期脉搏增数,瘤胃膨胀时,呼吸困难,继发肠炎时体温升高。

(6)随着病程的持续发展,病畜日趋消瘦衰弱,毛焦膁吊,四肢浮肿,最后卧地不起,昏迷以至死亡。

【防治措施】

消除病因,兴奋瘤胃、增强神经体液调节机能,防止机体酸中毒。

(1)停食 1～2 d,再给少量优质多汁饲料。

(2)静注促反刍液 500 mL。即 10%氯化钙液 100 mL,10%氯化钠液 100 mL,20%安钠咖注射液 10～20 mL。

(3)皮注 0.1%氨甲酰胆碱 1～2 mL 或 3%毛果芸香碱 2～3 mL 或新斯的明 10～20 mg。

(4)50%葡萄糖 300～500 mL,维生素 C 1 000 mg 一次静注。

(5)慢性型可用健胃剂:龙胆末 20～30 g,酵母粉 50～100 g,姜粉 10～20 g,碳酸氢钠 30～50 g,番木鳖酊 10～30 mL,加水混合后一次送服。

(三)瘤胃臌气

瘤胃臌气又叫瘤胃膨胀,是由于瘤胃内草料发酵,迅速产生大量气体而引起的疾病。多发生于春末夏初。

【临床症状】

(1)原发性瘤胃臌气,常在采食时或采食后不久发病,病牛腹痛不安、回头顾腹、摇尾、后肢踢腹。

(2)食欲废绝,反刍和嗳气很快停止。

(3)腹围急剧膨大,左肷部显著鼓起,常可高出脊背,触诊紧张而有弹性,叩诊呈鼓音,听诊瘤胃蠕动音减弱或消失。

(4)呼吸高度困难,甚至张口呼吸,口中流出许多混有泡沫的口涎,可视黏膜发绀,呼吸每分钟可达 60～80 次。

(5)心搏动增强,脉搏每分钟 120～140 次,静脉怒张,频频排尿,体温一般变化不大。

(6)后期病牛呻吟，步样不稳或卧地不起，常因窒息或心脏麻痹而死亡。

(7)继发性瘤胃臌气，先有原发病的表现，以后才逐渐出现瘤胃臌气的症状，且臌气较轻。

【防治措施】

1. 治疗

(1)首先应排气减压：①对一般轻症病例，可把病牛牵到斜坡上，使病牛取前高后低姿势站立。②将涂有松馏油或大酱的小木棒横衔于口中，用绳拴在嘴角上固定，使牛张口，不断咀嚼，促进嗳气。

(2)对重症病例，要立即插入胃管排气，或用套管针在左肷部进行瘤胃穿刺放气急救。①放气时应缓慢进行，以免放气速度过快发生脑贫血而昏迷。②放气后，可由套管内注入来苏儿 15～20 mL，或福尔马林 10～15 mL，加水适量，以制止继续发酵产气。③拔出套管针后，穿刺部位一定要用碘酊彻底消毒。

(3)对于原发性瘤胃膨胀，应用 5% 水合氯醛乙醇注射液 300～500 mL，一次静脉注射，效果较好。

(4)对于泡沫性瘤胃膨胀，可用植物油（如豆油、花生油、葵花籽油、棉籽油等）或液状石蜡 250～500 mL，一次口服；或碳酸钠（烧碱）60～90 g（用水化开），植物油 250～500 mL，一次口服。

(5)为促进瘤胃内容物的排出和制止瘤胃内容物的发酵，应酌情选用缓泻制酵剂，如硫酸镁 500～800 g 或人工盐 400～500 g，福尔马林 20～30 mL，加水 5～6 L，一次口服。

(6)制止瘤胃内容物发酵，下列方法都有一定的效果。烟叶末 100 g，菜油 250 mL，松节油 40～50 mL，常水 500 mL，一次口服，多在 30 min 左右见效；豆油脚250～500 mL，加温水冲服。

(7)为恢复瘤胃功能，酌情选用兴奋瘤胃蠕动的药物。具体措施参见前胃弛缓的治疗。

2. 预防

(1)加强饲养管理，防止贪食过多幼嫩多汁的豆科牧草。

(2)由舍饲转为放牧时，应先喂些干草或粗饲料，适当限制在牧草幼嫩茂盛的牧地和霜露浸湿的牧地上的放牧时间。

(四)瘤胃积食

(1)瘤胃积食是由于瘤胃内积滞多量草料，引起瘤胃体积增大、胃壁扩张、瘤胃正常运动机能紊乱的疾病。

(2)临床上以反刍、嗳气停止，瘤胃坚实，疝痛，瘤胃蠕动极弱或消失为特征。

(3)多发生于冬、春季节。

【临床症状】

(1)通常在采食后几小时内发生，病牛食欲减退或废绝，反刍、嗳气减少或停止，鼻镜干燥。

(2)轻度腹痛，背腰弓起，后肢踢腹，呻吟摇尾，回头顾腹。

(3)左侧下腹部膨大，左肷部平坦或稍凸起。

(4)触诊瘤胃，病牛疼痛不安，瘤胃内容物黏硬或坚实，叩诊呈浊音。

(5)瘤胃蠕动音初期增强，以后减弱或消失。

(6)排粪迟滞，粪便干少色暗，有时排少量恶臭的稀便。

(7)尿少或无尿。

(8)呼吸急促增数，可视黏膜发绀，脉搏细数，一般体温不高。

(9)严重者四肢颤抖，疲倦乏力，卧地不起，呈昏迷状态。

【防治措施】

1.治疗

(1)轻症：①可按摩瘤胃，每次10～20 min，1～2 h按摩一次。②结合按摩灌服大量温水，则效果更好。③也可口服酵母粉250～500 g，每天两次。

(2)重症：①口服泻剂，如硫酸镁或硫酸钠500～800 g，加松节油30～40 mg，常水5～8 L，一次口服。②液状石蜡1～2 L，一次口服。③盐类泻剂或油类泻剂并用。④对病牛还可用粗胃管反复洗胃，尽量多导出一些食物。⑤当瘤胃内容物泻下后，可应用兴奋瘤胃蠕动的药物，如新斯的明、毒扁豆碱、毛果芸香碱等，详见前胃弛缓的治疗。⑥当瘤胃内容物已泻下，食欲仍不好转时，可酌情应用健胃剂，如番木鳖酊15～20 mL，龙胆酊50～80 mL，加水500 mL，一次口服。

(3)病牛饮食废绝、脱水明显时，应静脉补液，同时补碱，如25%葡萄糖液500～1 000 mL，复方氯化钠液或5%糖盐水3～4 L，5%碳酸氢钠液500～1 000 mL等，一次静脉注射。

(4)重症而顽固的瘤胃积食，应用药物不见效果时，可行瘤胃切开术，取出瘤胃内容物。

2.预防

加强饲养管理，防止过食，避免突然更换饲料，粗饲料要适当加工软化后再喂。

(五)奶牛酮病

(1)奶牛酮病又称奶牛酮血症、奶牛酮尿病，是泌乳母牛在产犊后几天至几周内发生的一种碳水化合物和脂肪代谢紊乱所引起的全身功能失调的代谢性疾病。

(2)临床特征为酮血、酮尿、酮乳，出现低血糖、消化机能紊乱、产奶量下降，间歇神经症状。

(3)本病多发生在高产奶牛以及饲养管理水平低劣的牛群，产后 3 周到 2 个月和第 3～6 胎次年龄的牛发病率高，冬季比夏季发病率高。

【临床症状】

根据临床表现不同分为以下两种。

1. 消化不良型酮病

(1)初期，病牛食欲不振，拒食精料，对青草、干草有一定的食欲。

(2)反刍减少，瘤胃蠕动音减弱或稀少，粪便干硬或腹泻，量少而恶臭；大多数病奶牛奶量下降，乳房无明显变化，但也有个别牛奶量未见明显下降，迅速消瘦。

(3)乳汁易形成泡沫，状如初乳；病牛呼出气、汗液、尿液、乳汁可嗅到一种轻微的醋酮气味(烂苹果样气味)。

(4)血液、尿液及乳汁中酮体增多，血糖降低。

(5)后期肝脏浊音区界扩大，体温正常或偏低，呼吸次数稍减少，呈腹式呼吸。

2. 神经型酮病

(1)初期，病牛兴奋不安，听觉过敏，眼神狰狞或眼球震颤，咬肌痉挛，而不断虚嚼和流涎。

(2)皮肤敏感性增高，有的横冲直撞，狂暴不安。

(3)兴奋症状维持 1～2 d。

(4)随后转入抑制状态，头低沉，反射迟钝，精神委顿，步态蹒跚。

(5)后期，病牛卧地不起，呈昏迷状态。

【防治措施】

1. 治疗

(1)首先应加强护理，调整饲料，减喂油饼类等富含脂肪的精料，增喂甜菜、胡萝卜、干草等富含糖和维生素的饲料，并适当增加运动。

(2)补糖，可用 25%～50%葡萄糖液 300～500 mL，静脉注射，每天两次。如同时肌肉注射胰岛素 100～200 IU，则效果更好。

(3)补充产糖物质：①可用丙酸钠 120～200 g，混饲喂给或口服，连用 7～10 d。②丙二醇 100～120 mL，口服，连用 2 d；甘油 240 mL，口服，连用数天。③也可口服乳酸钠或乳酸钙 450 g，每天一次，连用 2 d。④或口服乳酸铵 200 g，每天一次，连用 5 d。

(4)促进糖原异生：①可应用氢化可的松 0.5～1 g。②或醋酸可的松 0.5～1.5 g。③或地塞米松 10～30 mg。④或氢化泼尼松 50～150 mg。⑤或促肾上腺皮质激素 1 g，肌内注射。

(5)解除酸中毒：①可静脉注射 5%碳酸氢钠液 500～1 000 mL。②或口服碳酸氢钠 50～100 g，每天 1～2 次。③对兴奋不安的病牛，可静脉注射 5%水合氯醛乙醇注射液 200～300 mL，或口服水合氯醛 15～30 g。④为兴奋瘤胃蠕动，可酌用兴奋瘤胃蠕动的药物(参见前胃弛缓的治疗)。

2. 预防

(1)加强饲养管理，注意饲料组合，不可偏喂单一饲料。

(2)妊娠后期和产犊以后，应减喂精料，增喂优质青干草、甜菜、胡萝卜等含糖和维生素丰富的饲料。

(3)适当增加运动，及时治疗前胃疾病。

(六)创伤性心包炎

创伤性心包炎是牛吞食尖锐的金属异物刺伤网胃中部的前下方进而透穿膈肌损伤心包致使心包发炎的疾病。

【临床症状】

(1)病初呈顽固性的前胃弛缓症状和创伤性网胃炎症状，以后才逐渐出现心包炎的特有症状。

(2)心包炎的特有症状是心区触诊、叩诊疼痛不安，抗拒检查。

(3)心脏听诊，初期可听到心包摩擦音，以后可听到心包拍水音，心音和心搏动明显减弱。

(4)体表静脉怒张，颈静脉鼓隆呈索状，颌下、肉垂、胸下及胸前等处发生水肿。

(5)体温升高，脉搏增数，呼吸加快。

【防治措施】

1. 保守疗法

将牛拴在一个前高后低的牛床(前后差 15～20 cm)，肌肉注射青霉素 1 600 万 IU 及链霉素 800 万 IU，每天两次，连用 5～7 d，体温及症状稳定后停药，一些牛可转为慢性。

2. 手术疗法

(1)手术前，应注意病牛全身状况，患广泛性腹膜炎时，最好先用金属探测器了解到异物所在位置。

(2)在手术结束后，用取铁器作一次取铁探查，为阴性时可以缝合。

(3)如此病不能得到及时有效的治疗，最后发展为创伤性网胃心包炎，常为预后不良。

此病以预防为主。饲喂时，要尽量查看草料，筛除杂物，尤其是铁器异物等，防止病从口入。

(七)非蛋白氮中毒

(1)非蛋白氮中毒是由于饲喂饲料中的尿素及非蛋白氮化合物添加剂后,在瘤胃内释放大量的氨所引起。

(2)在临床上是以强直性痉挛和呼吸困难等为特征的中毒性疾病。

(3)实质是高血氨症-氨中毒,成年奶牛发生较多,取急性经过的死亡率高。

【临床症状】

本病几乎都是以急性经过,在临床上以痉挛性强直和呼吸困难等症状为主征。在采食或饲喂过后 20～60 min 即可发病。其症状按其经过分为初期、中期和后期三个阶段。

1.初期阶段

病牛不安,肌肉震颤,呻吟,步态踉跄,共济失调而摔倒在地,不能起立。

2.中期阶段

(1)发生于采食或饲喂后 2～3 h。

(2)病牛食欲废绝,反刍、嗳气停止,瘤胃蠕动大大减弱,伴有不同程度的气肿。

(3)同时,出现全身强直性痉挛症状,如牙关紧闭、反射机能亢进和角弓反张等。

(4)呼吸促迫(张嘴伸舌呼吸),心搏动强盛,心跳加快(120～150 次/min),心音不清或混浊,节律不齐,体温升高,知觉丧失,泌乳性能明显降低。

3.后期阶段

(1)呈高度呼吸困难,从口角流出大量泡沫状涎水,肛门松弛,排粪失禁,尿淋漓。

(2)胸背部出汗,皮温不稳,瞳孔散大,结局多窒息(死亡)。

【防治措施】

1.治疗

(1)本病病程极短,通常在发病后 1～2 h 内死亡,死亡率高达 80%以上。

(2)故对本病宜尽早发现、确诊,尽快地采取急救措施。①首选药物为稀醋酸(或食醋)等,以抑制瘤胃内脲酶活性。②同时,又可中和尿素等分解产物——氨,用量:5%醋酸溶液 1 000～3 000 mL,经口投,如混合糖蜜和水适量效果更好。③此外,解毒剂硫代硫酸钠溶液,既可口服也可静脉注射。

(3)对症疗法:①如强心、兴奋呼吸中枢以及镇静等为目的,应用氧化樟脑制剂、25%硼酸葡萄糖酸钙注射液、肌苷注射液、维生素 B_1、维生素 C 等制剂。②当瘤胃臌气时,可行瘤胃穿刺术放气急救。

2.预防

(1)在饲喂尿素等饲料添加剂的牛群，正确控制用量，以不超过日粮干物质总量的1%或精料干物质的2%～3%为宜。

(2)在饲喂方法上宜由小剂量逐渐增大剂量，不间断性饲喂为原则，使瘤胃内原生动物有习惯或适应过程。

(3)在饲喂尿素等饲料添加剂时，还应与富有糖类饲料混饲，但要严禁饲喂富有蛋白质类的大豆或豆饼等精料。

(4)在饲喂时也不宜用水溶解，甚至在饲喂尿素等饲料添加剂后1 h内也不宜饮水，以避免尿素分解过快，发生中毒。

(5)在与其他饲料混合时，要求调拌均匀，尤其在制作青贮过程中添加尿素更要注意拌匀问题。

(6)对化肥尿素等的保管和使用，要有专人负责，防止被牛误食发病。

(八)酒糟中毒

(1)酒糟中毒是牛长期或突然采食多量新鲜的或已经酸败的酒糟，由其中的有毒物质所引起的一种中毒疾病。

(2)临床上呈现腹痛、腹泻、流涎等。

【临床症状】

湿酒糟特别是大量堆积时，易产生大量的乳酸。如果喂量过大，加之在日粮中谷类精料喂量高，母牛会常常出现乳酸中毒的症状。

1.急性中毒

(1)病牛表现兴奋不安。

(2)随之出现一系列的胃肠炎症状，如食欲减退或废绝、腹痛、腹泻。

(3)呼吸困难、心跳疾速，脉细弱。

(4)步态不稳或卧地不起，后期四肢麻痹。

(5)体温下降，因呼吸中枢麻痹而死亡。

2.慢性中毒

(1)病牛表现为顽固性的前胃弛缓，食欲不振，消化不良，瘤胃蠕动微弱。

(2)可视黏膜潮红、黄染。

(3)食欲减退，流涎，腹泻，消瘦。

(4)由于酸性产物的增加与体内的蓄积，致使矿物质吸收紊乱，出现缺钙现象，母牛流产或屡配不孕。

(5)后肢出现皮疹、皮炎(酒糟性皮炎)或皮肤肿胀并见有潮红，以后形成疱疹，水泡破裂后出现溃疡而其上覆以痂皮，遇有细菌感染时，则发生化脓或坏死，出现跛行。

3. 病理变化

(1)胃黏膜充血、出血，肠黏膜出血、水肿。

(2)肠系膜淋巴结充血。

(3)肺水肿。

(4)肝、肾肿胀，质度变脆。

(5)心、脑出血。

【防治措施】

1. 治疗

(1)治疗原则：①中和胃肠道中的酸，解除脱水及强心。②配合对症治疗。

(2)采用碳酸氢钠 100～150 g，加水灌服；也可用 1%碳酸氢钠溶液灌肠。

(3)可用 5%葡萄糖生理盐水 1 000～1 500 mL、复方氯化钠溶液 1 000～2 000 mL、25%葡萄糖溶液 500 mL、5%碳酸氢钠溶液 800～1 000 mL，一次静脉注射。

(4)肌肉注射 20%安钠咖 10～20 mL。

(5)对兴奋不安的病牛，及时应用镇静剂。

(6)为了促进毒物的排出，可投服缓泻剂，其他视病情作对症治疗。

(7)必要时，还应配合使用抗生素、维生素治疗。

2. 预防

(1)用新鲜酒糟喂牛，应控制喂量。

(2)饲喂方法应由少到多，逐渐增加。

(3)酒糟的比例不得超过精料量的 1/3。

(4)轻度酸败时，可加入石灰水、碳酸氢钠中和后再喂。

(5)注意保管好酒糟，防止酸败变质，尤其天热温度高时，已酸败变质的酒糟不得作饲料用。

四、产科病

(一)乳房炎

(1)乳房炎是母牛乳腺组织受到物理、化学、微生物刺激所发生的一种炎性变化。

(2)其特点是乳中的体细胞增多，乳腺组织发生病理变化，乳的性状发生异常。

【临床症状】

根据临床表现可分为临床型乳房炎和隐性乳房炎。

1.临床型乳房炎

(1)乳房和乳汁均有肉眼可见的异常。

(2)轻度乳房炎,乳汁中有絮片、凝块,有时乳汁呈水样,乳房轻度发热和疼痛,或不发热不痛,可能肿胀。

(3)重度乳房炎,患病乳区急性肿胀、热、硬、痛。乳汁异常,分泌减少,出现高温、脉搏增数、病牛抑郁、衰弱、食欲衰退等全身症状。

2.隐性乳房炎

(1)一般无明显的临床症状。

(2)只是乳汁的性状和量发生潜在性的改变,通常需要理化检验才能确诊。①乳汁中白细胞数高于正常值。②乳汁由正常的弱酸性变为弱碱性。

(3)如不及时治疗,则会转为临床型。

【防治措施】

1.治疗

(1)临床型乳房炎

①以治为主,杀灭侵入的病原和消除炎性症状。

②对乳房炎的治疗,多采用抗生素,少用磺胺类和呋喃类药物,用复方中草药也有好的效果。

③常用的抗生素有青霉素类、链霉素、四环素、卡那霉素和磺胺类。

④常规方法是将药物稀释成一定浓度,通过乳头管直接注入乳池,可以在局部保持较高浓度。具体操作是:a.先挤净患区的乳汁或分泌物,碘酊或酒精擦拭乳头管及乳头。b.经乳头管口向乳池内插入带有胶管的灭菌乳导管,胶管另一端接注射器。c.将药液徐徐注入乳池。d.注完后取出导管,以手指捻动乳头管片刻,再用双手手掌自下而上的顺序轻度向上按摩,迫使药物上升扩散。每天如此作2~3次注入,一般抗菌药连用3~4 d。临床症状消退后仍需用药1~2 d,停药后10 d左右,作一次乳汁化验。如仍未愈,需更换药物治疗。e.注药前,可肌肉注射10~20 IU催产素,然后挤奶。

⑤中药可选用清热解毒活血化瘀的方剂,也可使用市场供应的如乳消灵等成药针剂。

⑥辅助疗法:具有缓解局部症状、改善食欲和精神等作用,对理化原因造成的乳房炎有一定疗效,有的细菌性乳房炎单用辅助疗法也可治愈。a.按摩乳房和增加挤奶次数,可以促使病原体排出,减少炎性对乳腺的刺激。b.按摩乳房应自上而下,强力粗暴地揉、捏、压、搓会增加组织损伤。c.出血性乳房炎及急性发作期,禁止按摩。d.乳房高度肿胀,热痛时可冷敷、冰敷、冷淋,可以缓解局部症状;外敷

药也可缓解肿胀和疼痛,如鱼石脂软膏、樟脑油膏等。

(2)隐性乳腺炎　隐性乳腺炎虽无乳房和乳汁肉眼可见的异常,但发病率高,影响产奶量和奶的品质,危及人的健康且容易转变为临床型。

①以防为主,防治结合。

②乳头药浴:a.挤奶结束后,立即用消毒药液浸泡一下乳头,可以杀灭乳头末端及周围和乳头管内的病原。b.药液要求为杀菌力强,刺激性小,价廉易得,常用的有洗必泰、次氯酸钠、新洁尔灭等。0.3%～0.5%的洗必泰效果最好,次氯酸钠次之。c.一般冬季停用,以防乳头皮肤皲裂。

③盐酸左旋咪唑具有免疫调节能力,按每千克体重7.5 mg拌精料中任牛自行采食,每天一次,连用2 d,有预防隐性乳房炎的效果。

④芸薹子(油菜籽)对隐性乳腺炎有一定疗效。按体重大小,生芸薹子250～300 g为一剂,拌精料内自食,隔一天一剂,三剂为一疗程。

在治疗隐性乳腺炎中逐头进行治疗有效,但因检出率高,需耗费大量人力,无法推广应用。

⑤干奶期预防:a.停奶后头3周是乳房炎重新感染的危险期,它会造成下个泌乳期高发生率。b.在停奶后就进行预防,可以减少停奶期乳房炎,降低下个泌乳期隐性乳房炎的发生率。c.可使用四环素和青霉素、新霉素或多种抗生素配合制成的油剂(可用煮沸的食物油),在干奶后当时注入乳房。

2.预防

(1)卫生:①保持环境卫生和牛体卫生。②运动场保持平整,排水通畅,干燥。③经常刷拭牛体,保持乳房清洁。

(2)挤奶:①搞好挤奶卫生,提高挤奶技术。②擦洗乳房的毛巾和水桶保持干净,定期消毒,用水要勤换。③乳房炎牛的挤奶顺序放到最后,将奶妥善处理。④机械挤奶时,要保持机器的正常性能,防止空吸。⑤挤奶杯要及时消毒,定期检查机器和挤奶杯,及时维修更换。⑥分散饲养、集中挤奶的站、场,有临床型乳房炎的禁止用共用的挤奶机挤奶,一律要用手挤奶。奶单独处理,若应用抗生素治疗,痊愈停药4 d后才能恢复机器挤奶。

(3)及时治疗临床型乳房炎,必要时要隔离。

(4)定期监测隐性乳房炎发病情况,根据结果采取相应的措施。做好预防工作,推广乳头药浴和干奶期预防。

(二)子宫内膜炎

(1)子宫内膜炎是由于在分娩时或产后微生物侵入子宫黏膜而引起的急性炎症。

(2)牛的子宫内膜炎是引起牛繁殖障碍的一个重要原因,也是影响奶牛生产的棘手问题之一,应予以重视。

【临床症状】

(1)通常于产后1周内发病。

(2)并伴有体温升高,脉搏、呼吸加快,精神沉郁,食欲下降,反刍、泌乳减少等全身症状。

(3)患牛弓腰、举尾,有时努责。

(4)不时从阴门排出大量污红色或棕黄色黏性或黏脓性分泌物,有腥臭味,内含有絮状物或胎衣碎片,卧下或排尿时,排出量增多。

(5)阴道检查,子宫颈阴道部潮红、肿大,外口微开张,有时可见分泌物从外口流出。

(6)直肠检查,子宫角变粗,子宫壁增厚、稍硬、敏感、收缩反应弱。

【防治措施】

(1)在临产和产后,应对阴门及其周围消毒,保持产房和厩舍的清洁卫生。

(2)助产或处理胎衣不下时,应注意手臂和器械消毒。

(3)治疗:①常用0.1%高锰酸钾液、0.2%呋喃西林液、0.02%新洁尔灭液、生理盐水等冲洗子宫,以排出子宫腔内的炎性渗出物。②在充分排出冲洗液之后,应向子宫内灌入抗生素、磺胺类药、呋喃西林或鱼石脂溶液,以消除炎症。③当子宫颈口已收缩,冲洗管不易通过时,应注射雌激素,以促使子宫颈松软、开张和加强子宫收缩。④患牛全身症状严重时,不宜冲洗子宫,应向子宫内投入抗生素类药物,并加强全身治疗,如注射抗生素类药和输液治疗等。

(三)胎衣不下

(1)母牛分娩后,经过8～12 h仍排不出胎衣的疾病,即为胎衣不下或胎衣滞留。

(2)正常情况下,胎衣排出的时间:奶牛一般不超过4～6 h,黄牛3～5 h。

【临床症状】

1.胎衣全部不下

(1)大部分胎膜及子叶仍与子宫腺窝紧密连接,一部分胎衣呈带状悬垂于阴门外,严重子宫弛缓时,全部胎膜可能都滞留在子宫内。

(2)有时悬垂于阴门外的胎衣可能断离,在这种情况下,只有进行阴道检查,才能发现子宫内有无胎衣。

2.胎衣部分不下

(1)一部分或个别胎儿胎盘留在母体胎盘上。

(2)或是胎衣在排出过程中断离，而一部分残留在子宫内。①开始时，如不仔细检查排出的胎衣，往往不易察觉。②但几天后，腐败的胎衣和恶露一同排出来，排出时间超过正常的产后期。③大多数胎衣部分不下的病例并发黏液脓性子宫内膜炎。

【防治措施】

1.治疗

治疗胎衣不下的方法很多，概括起来可分为药物疗法和手术剥离两类。

(1)药物疗法　促进子宫收缩，加速胎衣排出。①皮下或肌内注射垂体后叶素50～100 IU，最好在产后8～12 h注射，如超过24～48 h，则效果不佳。②也可注射催产素10 mL(100 IU)或麦角新碱6～10 mg。

(2)手术剥离　①先用温水灌肠，排出直肠中积粪，或用手掏尽。②再用0.1%高锰酸钾液洗净外阴。③用左手握住外露的胎衣，右手顺阴道伸入子宫，寻找子宫叶。④先用拇指找出胎儿胎盘的边缘。⑤然后将食指或拇指伸入胎儿胎盘与母体胎盘之间，把它们分开，至胎儿胎盘被分离一半时，用拇、食、中指握住胎衣，轻轻一拉，即可完整地剥离下来。⑥如粘连较紧，则须慢慢剥离。⑦操作时须由近向远，循序渐进，越靠近子宫角尖端，越不易剥离，尤其须细心，力求完整取出胎衣。

2.预防

预防胎衣不下，可在分娩破水时，接取羊水300～500 mL于分娩后立即灌服，可促使子宫收缩，加快胎衣排出。

(四)产后瘫痪

(1)产后瘫痪，又称乳热症和临床分娩低血钙症，是高产奶牛的一种代谢疾病，多发生在第3～6胎年龄段，产后数天内多发，少数可能发生在分娩前和分娩过程中。

(2)其特征是精神沉郁，全身肌无力，低血钙，瘫痪卧地不起。

【临床症状】

根据临床表现可分为典型症状和非典型症状两种。

1.典型症状

(1)多在第3～6胎的高产母牛分娩后3 d内发生。

(2)初期：①食欲不振、废绝，瘤胃蠕动减弱，粪干而少。②表现短暂的兴奋与抽搐，头、四肢震颤，对刺激敏感，不让触摸。③站立不稳，走动时后肢僵直，步态不稳。

(3)中期：①常卧地不起，四肢缩于腹下，颈部弯曲呈“S”状或头偏于体侧。②眼睛呆痴，鼻镜干燥，肌肉松弛。③末梢皮肤变冷，体温下降到36～38℃，呼吸微弱而浅表，心率增数达每分钟 100 次以上。④皮肤知觉消失，肛门松弛，反射消失。

(4)后期：常侧卧于地，出现昏迷状态，瞳孔散大，对光反应消失。

2.非典型症状

(1)多发生于产前或分娩后很久。

(2)病情较轻，瘫痪症状不显著。

(3)患牛精神沉郁，对外界反应迟钝，但不昏睡。

(4)食欲差，瘤胃蠕动减弱，体温正常或稍低。

(5)病牛不能站立，卧地时头颈姿势不自然，呈轻度"S"状弯曲。

【防治措施】

1.治疗

(1)当母牛出现瘫痪症状之后，应及早治疗。①静脉注射钙制剂是有效的治疗措施。常用的钙制剂是葡萄糖酸钙和氯化钙。20%～25%葡萄糖酸钙溶液 500～1 000 mL，一次静脉输液，输时宜缓慢。②严禁大剂量快速输液和重复注射。③如用钙制剂后，体温回升，精神好转，还是站不起来，应考虑补磷盐，可用 10%磷酸二氢钠 300 mL，静脉注射。④用钙制剂后，仍有抽搐者，可用 20%硫酸镁溶液 250 mL静脉注射。

(2)治疗的同时应重视护理：①要防止长时间躺卧引起的褥疮，应经常为病牛翻身，对牛身体突出接触地面的部位作按摩。②躺卧处垫以软的厚褥草。③设法减少产奶量(如减少喂料量)。④搞好卫生，防止乳房炎。

2.预防

(1)预产前半个月，可喂高磷低钙饲料，人为地造成一个钙、磷的负平衡，同时，饲喂酸性饲料，可以减少本病的发生。

(2)在接近分娩的头几天，适当地减少精饲料和可口的饲草喂量，保持母牛有一个良好的食欲。

(3)加强饲喂环境的卫生，给予一定的运动。

(五)持久黄体

(1)持久黄体，也称永久黄体或黄体滞留，是指母牛在分娩后或周期性排卵后，卵巢上有一个或数个应该消失而未消失的黄体。

(2)持久黄体是一个存在时间较长的临时性内分泌器官。

【临床症状】

(1)该病的特征是长期不发情。

(2)经几次直肠检查(一般至少需间隔 10～14 d，作两次以上直肠检查)发现在同一卵巢、同一部位往往有大的黄体存在，或者不突出于卵巢表面而卵巢增大。

(3)子宫松软下垂、收缩反应弱或同时伴有子宫脓性炎症、子宫积液、积脓等。

(4)少数病例可以发现发情，但不能排卵，即可判断为本病。

【防治措施】

(1)改善饲养管理，给以富含维生素和矿物质饲料。

(2)子宫发病时，应消除病因，及时合理治疗。

(3)激素疗法是较有效的治疗措施。①肌肉或皮下注射前列腺素及其类似物，用法用量同黄体囊肿。②肌肉注射孕马血清促性腺激素 2 000 IU；人绒毛膜促性腺激素，催产素用法如同黄体囊肿。③对患有子宫疾病的母牛要抓紧治疗，如干尸胎要及时排出胎儿，清理子宫积液和积脓。

(六)子宫脱

(1)子宫的一部分或全部翻转，脱出于阴道内或阴道外，称为子宫脱。

(2)根据脱出程度可分为子宫套叠及完全脱出两种。

(3)通常发生于产后数小时内。

【临床症状】

1.子宫套叠

(1)从外表不易发现。

(2)母牛产后不安，努责、举尾，有轻度腹痛现象。

(3)检查阴道可发现子宫角套叠于子宫腔、子宫颈或阴道内，子宫套叠不能复原时，易发生浆膜粘连和顽固性子宫内膜炎，引起不孕。

2.完全脱出

(1)从阴门脱出长椭圆形的袋状物，往往下垂到跗关节上方，其末端有时分两支，有大小两个凹陷。

(2)脱出的子宫表面有鲜红色乃至紫红色的散在的母体胎盘。

(3)时间较久，脱出的子宫易发生瘀血和水肿，受损伤及感染时可继发大出血和败血症。

【防治措施】

1.子宫套叠

必须立即整复。

(1)术者手臂消毒涂油后，伸入阴道及子宫内，轻轻向前推压套叠部分，必要时将并拢的手指伸入套叠部的隐凹内，左右摇动向前推进，常可使其复原。

(2)有时用生理盐水灌注子宫，借水的压力可使子宫角复原，但灌进的液体应及时排出。

2.子宫完全脱出

(1)病牛不能站立时宜垫高后躯,用0.1%高锰酸钾液洗净脱出子宫,并用2%明矾水洗涤和浸泡,然后涂上碘甘油。

(2)子宫黏膜有创口时,应缝合。

(3)整复:①由助手用大毛巾或塑料布将子宫托至与阴门同高。②术者用纱布包住拳头,顶住子宫角的末端,趁母牛不努责时,小心向阴道内推送。③也可从子宫角基部开始,用两手从阴门两侧一部分一部分地向阴道内推送,在换手时,助手应压住已推入的部分。④当子宫已送入阴道后,必须用手将它推到腹腔,使之复位。⑤如果母牛努责强烈影响整复时,须全身半麻醉或中等麻醉。⑥整复后向子宫内投入抗生素,必要时肌内注射促进子宫收缩的药物,如麦角新碱或垂体后叶素等。

(4)整复后:①母牛系于前低后高的地面上,注意看护。②如母牛仍有努责,为了防止重新脱出,可在阴门上角至中部做2～3个圆枕缝合,或在阴门周围行袋口缝合。③2～3 d后母牛不努责时,便可拆线。

3.脱出子宫截除术

为了挽救母牛生命,当脱出子宫发生破裂、大面积损伤或发生坏死时,可施行子宫截除术。

五、犊牛疾病

(一)新生犊牛窒息

新生犊牛在刚出生时,呼吸发生障碍或无呼吸,但有心跳,即为新生犊牛窒息或假死。如不及时采取抢救措施,新生犊牛往往死亡。

【临床症状】

1.轻度窒息

(1)犊牛软弱无力,呼吸微弱而急促,间隔时间长。

(2)可视黏膜发绀,舌脱出于口角外,口、鼻内充满羊水和黏液。

(3)脉弱,肺部听诊有湿啰音。

2.严重窒息

(1)犊牛呈假死状态,呼吸停止,仅有微弱心跳,摸不到脉搏。

(2)全身松软,卧地不起,反射消失。

【防治措施】

(1)首先用布擦净鼻孔及口腔内的羊水。

(2)如仍无呼吸,可施行人工呼吸或输氧。

(3)也可使用刺激呼吸中枢的药物，如25%尼可刹米1.5 mL，皮下注射。

(4)为了纠正酸中毒，可静脉注射5%碳酸氢钠50～100 mL。

(5)为防止继发肺炎，可肌肉注射抗生素。

(二)犊牛脐带疾病

犊牛脐带疾病是犊牛常发病。多因脐带发生异常和感染所致。临床常见的有脐出血、脐尿管瘘、脐炎和脐疝。在正常情况下，脐带在1周内干燥脱落，脐孔由结缔组织封闭。

1.脐炎

(1)脐炎是体外脐带的炎症：①多发生在出生后2～5 d。②犊牛精神不振，不愿吃奶，体温有时升高。③脐部检查，可见脐带断端湿润，有时溃烂化脓，脐周组织肿胀，触压疼痛，质地坚硬，挤压时从小瘘管排出少量脓汁，恶臭，有时因封闭排不出脓。④感染的脐带和周围组织界线清楚，有时肿胀很大，并有毒血症。

(2)治疗：①首先要排脓，脓肿应切开，再用消毒药液清洗，除去坏死组织(尽量除尽，见新鲜创面为止)，用5%碘酊擦涂内面创，不要用膏剂和粉剂药物。②脐部肿胀发硬时，用100万IU青霉素溶于30 mL注射用水作脐周围封闭。③有体温升高者必须作全身抗感染治疗。

2.脐静脉炎

(1)脐静脉炎 ①可能发生在靠近脐部，也可能发生在脐部到肝脏的脐静脉，甚至引起肝脓肿。②患犊多为1～3月龄，表现不爱活动、厌食、生长发育迟缓，中度发热，脐部通常肿胀，并有脓汁分泌。③将病犊卧倒，触诊腹部，可发现由脐到肝脏有一条明显索状肿物。④有时用探针探查，能帮助诊断。

(2)治疗 ①局部用抗生素药物治疗似乎无效。②应用腹腔手术切除发炎的脉管和脓肿。③患有肝病的一旦确诊，最好淘汰。

3.脐动脉炎

(1)脐动脉炎临床少见，但脐动脉炎能从脐部蔓延到髂内动脉，表现为慢性毒血症，生长迟缓。

(2)将犊牛作仰卧保定进行局部和腹部触诊，可触到手指粗细的索状物。

(3)用抗生素治疗，效果不佳，根除的办法是手术切除发炎的脐动脉。

4.脐尿管炎和脐尿管瘘

(1)脐尿管炎 ①是脐部到膀胱的脐尿管的炎症。②患部肿胀，向外排出脓汁。③有的病犊脐部正常，但进行腹部深部触诊时，可触到脐部向腹后伸延的索状物，感染到达膀胱的，引起膀胱炎，排脓尿。④治疗用腹腔手术切除发炎的脐尿管。

(2)脐尿管瘘 ①是脐带脱落后，脐尿管封闭不全形成。②常见尿液从脐孔滴出，引起脐孔发炎组织增生，脐孔周围皮肤发炎、湿疹等。③严重的病犊精神不振，食欲差，如发生感染，形成脐尿管炎。④治疗：a.用消毒药液清洗脐孔及周围，然后行脐尿管结扎，术后涂碘酊。b.如有全身感染，应用抗生素或磺胺抗感染。

5.脐出血

(1)脐带断端或脐孔出血，往往由于母牛分娩时人工过于用力拉出犊牛，脐带猛力断裂，影响了脐带脉管的封闭。

(2)也可能因犊牛虚弱、发生窒息等原因造成脐出血。

(3)脐出血时，血液滴状出血为脐静脉出血；成股流为脐动脉出血；也有的动静脉一起出血。

(4)治疗方法：a.可用消毒的细绳结扎脐带断端。b.如果断端过短或已缩回脐孔内，可用消毒纱布撒上止血消炎药填塞脐孔，外用纱布包扎或用线缝合脐孔，压迫止血。c.失血过多的犊牛，最好输母牛血。

(三)犊牛肺炎

(1)肺炎是附带有严重呼吸障碍的肺部炎症性疾患。

(2)各种动物均常发生，特别是犊牛和衰老牛发病率较高，危害较大。

(3)其临床特征是体温升高、咳嗽、呼吸困难和肺部听诊有异常呼吸音。

【临床症状】

根据临床症状可分为支气管肺炎和异物性肺炎。

1.支气管肺炎

(1)病初先有弥漫性支气管炎或细支气管炎的症状。①如精神沉郁，食欲减退或废绝，体温升高达 40～41℃，脉搏 80～100 次/min，呼吸浅而快，咳嗽，站立不动，头颈伸直，有痛苦感。②听诊，可听到肺泡音粗粝，症状加重后气管内渗出物增加则出现啰音，并排出脓样鼻汁。

(2)症状进一步加重后：①患病肺叶的一部分变硬，以致空气不能进出，肺泡音就会消失。②让病牛运动则呈腹式呼吸。③眼结膜发绀而呈严重的呼吸困难状态。

2.异物性(吸入性)肺炎

(1)因误咽而将异物吸入气管和肺部后：①不久就出现精神沉郁、呼吸急速、咳嗽。②听诊肺部可听到泡沫性的啰音。

(2)当大量误咽时，在很短时间内就发生呼吸困难，流出泡沫样鼻汁，因窒息而死亡。

(3)如吸入腐蚀性药物或饲料中腐败化脓细菌侵入肺部：①可继发化脓性肺炎，病牛出现发高烧、呼吸困难、咳嗽，排出多量的脓样鼻汁。②听诊可听到湿性啰音，在呼吸时可嗅到强烈的恶臭气味。

【防治措施】

(1)对病牛要置于通风换气良好、安静的环境下进行治疗。

(2)在发生感冒等呼吸器官疾病时,应尽快隔离病牛。

(3)最重要的是,在没达到肺炎程度以前,要进行适当的治疗,但必须达到完全治愈才能终止。

(4)对因病而衰弱的牛灌服药物时,不要强行灌服,最好要经鼻或口,用胃导管准确地投药。

(5)在治疗中,要用全身给药法。

①以青霉素和链霉素联合应用效果较好。

②土霉素对本病亦有效,一般用盐酸土霉素注射液 2.5～5.0 mg/kg(按体重计),每天两次肌肉注射或静脉注射。

③随后配合应用磺胺类药物,可有较好效果。

④同时,还可用一种抗组织胺剂和祛痰剂作为补充治疗。

⑤应配合强心、补液等对症疗法。

⑥对重症病例,可直接向气管内注入抗生素或消炎剂,或者用喷雾器将抗生素或消炎剂以超微粒子状态与氧气一同让牛吸入,可以取得显著的治疗效果。

⑦对于真菌性肺炎,要给予抗真菌性抗生素,用喷雾器吸入法可收到显著效果。

⑧轻度异物性肺炎,可用大量抗生素,配合使用毛果芸香碱,疗效更好。

(四)新生犊牛病毒性腹泻

(1)新生犊牛病毒性腹泻是由多种病毒引起的急性腹泻综合征。

(2)发病后,引起牛病毒血症,产生免疫中和保护性抗体,据此认为动物在病毒感染后能产生强而持久的免疫力。

(3)其临床特征是高烧,口腔黏膜烂斑、腹泻、流产和胎儿异常发育。

(4)吸吮初乳的犊牛可得到母源抗体,产生被动免疫,维持时间 6 个月左右。

(5)当抗体下降到零或一定滴度时,犊牛一旦接触抗原,可以受到感染,并出现抗体上升。

(6)这种感染和抗体上升,在牛群中占 70%～80%,3 岁或 3 岁以上的牛可达 90%,它们可以终身免疫。

【临床症状】

潜伏期 7～14 d,临床上一般分为急、慢性两种类型,但即使是同型病例,其症状往往差别很大。

1.急性型

(1)常见于幼犊,病死率较高。

(2)病初呈上呼吸道感染症状,表现体温升高(40~42℃),持续4~7 d,有的经3~5 d又有第二次升高;随体温升高,白细胞减少;精神沉郁,厌食,鼻、眼有浆液性分泌物。

(3)2~3 d内可能有鼻镜及口腔黏膜表面糜烂,舌面上皮坏死,流涎增多,呼气恶臭。

(4)通常在口内损害之后发生严重腹泻,开始水泻,以后带有黏液和血液,恶臭。

(5)有些病牛常有蹄叶炎及趾间皮肤糜烂坏死,导致跛行。

(6)急性病例恢复的少见,通常多于发病后1~2周死亡,少数病程可拖延1个月。

(7)孕牛可发生流产,或产下先天性缺陷的犊牛,主要是小脑发育不全,患犊可能只呈现轻度共济失调或完全缺乏协调和站立能力,有的可能盲目转圈。

2.慢性型

(1)发热不明显,但体温可能有高于正常的波动。

(2)鼻镜糜烂,此种糜烂可在全鼻镜上连成一片。

(3)眼常有浆液分泌物。

(4)口腔内很少有糜烂,但门齿齿龈通常发红。

(5)蹄叶炎及趾间皮肤糜烂、坏死,引起明显的跛行。

(6)在鬐甲、颈部及耳后的皮肤皲裂,出现局部性脱毛和皮肤角化,呈皮屑状。

(7)病牛通常呈持续感染,发育不良,终归死亡或被淘汰。

【防治措施】

(1)目前尚无特效的治疗方法,对症治疗和加强护理可以减轻症状,增强机体抵抗力,促使病牛康复。

(2)为控制本病的流行并加以消灭,必须采取检疫、隔离、净化、预防等兽医防制措施。

(3)预防上,我国已生产一种弱毒冻干苗,可接种于不同年龄和品种的牛。接种后表现安全,接种后14 d可产生抗体,并维持1年以上的免疫力。

六、常见寄生虫病

(一)牛螨病

(1)俗称癞病,又称疥癣。

(2)由疥螨和痒螨引起。

(3)具有高度传染性为特征的慢性皮肤病。以剧痒、湿疹性皮炎、脱毛为主要症状。

【临床症状】

(1)牛的疥螨和痒螨大多呈混合感染。

(2)初期多在头、颈部发生不规则丘疹样病变,病牛剧痒,使劲磨蹭患部,使患部落屑、脱毛,皮肤增厚,失去弹性。

(3)鳞屑、污物、被毛和渗出物粘结在一起,形成痂垢。

(4)病变逐渐扩大,严重时,可蔓延至全身。

(5)有时病牛因消瘦和恶病质而死亡。

【防治措施】

1.治疗

(1)涂药疗法 ①局部需剪毛清洗后反复涂药,以求彻底治愈。②常用药物:a.敌百虫溶液,来苏儿5份,溶于温水100份中,再加入敌百虫5份即成,涂擦患部。b.10%辛硫磷乳剂,或10%亚胺硫磷,涂于患部。

(2)药浴疗法 ①可采用水泥药浴池或机械化药浴池,常用0.05%辛硫磷或0.05%蝇毒磷、0.03%~0.05%胺丙畏乳油水溶液。②用药后要防牛舔食,以免中毒。

2.预防

(1)牛舍要宽敞,干燥,透光,通风良好,经常清扫,定期消毒。

(2)经常注意牛群中有无瘙痒、掉毛现象,一旦发现病牛,及时隔离治疗。

(3)治愈的病牛应继续观察20 d,如未复发,再一次用杀虫药处理后方可合群。

(4)引入牛时,应隔离观察,确认无螨病后再并入牛群。

(5)每年夏季应对牛进行药浴、是预防螨病的主要措施。

(6)饲养管理人员,要时刻注意消毒,以免通过手、衣服和用具散布病原寄生虫。

(二)牛皮蝇蛆病

(1)本病由皮蝇幼虫引起,俗称牛跳虫或牛翁眼。

(2)不仅影响牛皮的质量,而且影响其肉、乳的质量,有时还可感染人。

【临床症状】

(1)雌蝇向牛体产卵时,牛表现高度不安,呈现喷鼻、蹴踢、奔跑。

(2)幼虫钻进皮肤和皮下组织移行时,引起牛只瘙痒、疼痛和不安。

(3)幼虫移行到背部皮下,局部发生硬肿,随后皮肤穿孔,流出血液和脓汁,病牛长期受侵扰而消瘦，贫血、泌乳量下降。

【防治措施】

1.驱蝇防扰

每年5～7月份，每隔半个月向牛体喷洒一次1%敌百虫溶液，防止皮蝇产卵。

2.患部杀虫

经常检查牛背，发现皮下有成熟的肿块时，用针刺死其内的幼虫，或用手挤出幼虫，随即踩死，伤口涂以碘酊。除此以外，还可用以下药物杀虫。

(1)倍硫磷(百治屠)　①臀部肌肉注射时，剂量为每千克体重5 mg。②以11～12月份用药为好。对一二期幼虫杀虫率为95%以上，注射2次，可达100%。③涂擦时，用倍硫磷原液在颈侧皮肤直接涂擦。④涂擦面积，成年牛为15 cm×35 cm，犊牛为10 cm×20 cm。⑤剂量为每100 kg体重用药0.5 mL。⑥可用油漆刷子在患部反复涂擦，使药液和皮肤充分接触。

(2)皮蝇磷　①皮蝇磷不溶于水，制成丸剂，口服。②剂量为每千克体重100 mg，一般成年牛30～40 g，育成牛20～25 g，犊牛7～12 g。

(3)亚胺硫磷乳油　每千克体重30 mg，泼洒或滴于病牛背部皮肤，杀虫效果比敌百虫好。

思考讨论

1.在养牛生产过程中应如何开展牛的保健工作？

2.牛疾病诊断的基本方法和一般内容有哪些？

3.牛常见的传染病有哪些？在生产中应如何有效预防？

4.牛常见的内科病有哪些？并简述其主要的临床症状和防治措施。

5.牛常见的产科病有哪些？并简述其主要的临床症状和防治措施。

6.犊牛常见的疾病有哪些？并简述其主要的临床症状和防治措施。

7.简述奶牛乳房炎的临床症状及防治措施。

参考文献

[1] 王根林. 养牛学. 2 版. 北京：中国农业出版社，2006.

[2] 左福元. 轻轻松松养肉牛. 北京：中国农业出版社，2007.

[3] 杨效民. 图说奶牛养殖新技术. 北京：中国农业科学技术出版社，2012.

[4] 樊航奇，张学炜. 无公害奶牛标准化生产. 2 版. 北京：中国农业科技出版社，2014.

[5] 陈剑杰. 实用牛场疾病防控技术. 北京：中国农业科学技术出版社，2013.

[6] 莫放. 养牛生产学. 北京：中国农业大学出版社，2010.

[7] 曹宁贤. 肉牛饲料与饲养新技术. 北京：中国农业科学技术出版社，2008.

[8] 陈幼春，吴克谦. 实用养牛大全. 北京：中国农业出版社，2007.

[9] 秦志锐，蒋洪茂，向华. 科学养牛指南. 北京：金盾出版社，2007.